Échelles du Levant.

IMPRESSIONS

D'UN FRANÇAIS

Par le Baron du GABÉ

PARIS
Librairie Th. J. PLANGE
14, Rue Chauveau-Lagarde.

1902

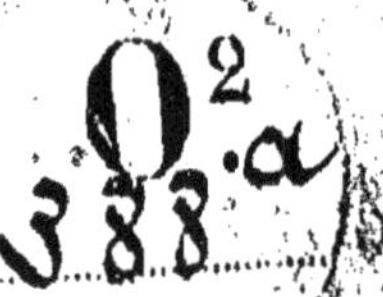

IMPRESSIONS D'UN FRANÇAIS
DANS LES ÉCHELLES DU LEVANT

Échelles du Levant.

IMPRESSIONS

D'UN FRANÇAIS

Par le Baron du GABÉ

PARIS
Librairie Th. J. PLANGE
14, Rue Chauveau-Lagarde

1902

AVANT-PROPOS

J'ai toujours très peu aimé les préfaces, je ne les lis pas d'ordinaire ; bien peu de personnes les lisent.

Et cependant j'en écris une ! mais je me donne le facile plaisir d'en changer le nom, espérant ainsi échapper à un poncif et presque toujours ennuyeux bavardage.

Je dis ce que je crois indispensable, sans phrases, et avec une brièveté que je fais serment de prendre comme règle. Dieu veuille que ce ne soit pas un serment politique !

Je veux d'abord remercier tous ceux qui ont eu la bonté de m'accueillir avec tant de bonne grâce indulgente ; les agents diplomatiques qui ont été si accueillants, si complaisants, qui ne se sont pas lassés de m'expliquer les coutumes, les usages des pays que je traversais ; les religieux dont la bonté est l'apanage, mais qui m'ont reçu, notamment à Jéru-

salem, d'une inoubliable façon ; tous ceux enfin dont j'ai gardé précieusement les noms, comme ceux d'amis que je serais bien heureux de retrouver.

Je suis parti cette année uniquement poussé par le désir de ne pas passer l'hiver à Paris ; je suis allé en Italie, en Grèce, en Egypte, à Suez, à Jérusalem, en Syrie, à Constantinople, à Budapest, à Vienne, j'ai vu des choses magnifiques, mais j'ai vu aussi des choses bien tristes.

Il m'est venu le désir de narrer aux autres ce que j'avais vu, de leur faire toucher du doigt, dans l'intérêt de la France, son rôle en Orient dans le passé, son effacement dans le présent, sa disparition dans un avenir prochain, et de leur montrer le péril.

Je voudrais enfin prouver aux Français qu'ils ne voyagent pas assez. Les paquebots sont peuplés d'Anglais, d'Allemands, d'Américains, mais il n'y a, même sur les bateaux des Messageries maritimes, que bien peu de Français. D'où cela vient-il ? Je veux essayer par l'énumération, bien plutôt que par le récit des choses que j'ai vues, de donner aux Français l'envie de faire ce que j'ai fait.

Voilà la genèse de ce livre. Je ne suis pas un écrivain, mon éducation et mon passé ne m'ont pas préparé à cet art d'écrire que j'admire sans pouvoir l'imiter. Par suite il y aura bien des désillusions, si tant est qu'il puisse y en avoir en face d'un inconnu, qui n'a d'autre désir que de dire des vérités qu'il faut que tout le monde connaisse, qui n'a d'autre mérite que de raconter, bien mal hélas ! les belles choses qu'il a vues.

CHAPITRE I

DE PARIS A NAPLES, BRINDISI, CORFOU.

Mon départ. — L'Italie. — Arrivée à Corfou. — La villa Achilleion. — En route pour Patras.

Je suis parti de Paris le 18 février, muni de traites sur les principales places de l'Europe, sans intentions arrêtées, avec le désir de me distraire par la vue des magnifiques pays du soleil et des belles antiquités que les anciens ont semées dans tout l'Orient.

Je n'avais pas l'intention d'écrire, tant de raisons m'en empêchaient ! quoi qu'aient pu en penser et même en dire ceux qui savent toutes choses infiniment mieux que ceux qui les font. C'est une affaire que de partir pour un tel voyage, à mon âge, mais j'ai besoin de me remuer, de voir des mœurs et des pays nouveaux ; oh si je n'étais pas si vieux, j'irais vers des contrées toutes neuves, pour qu'au moins mes distractions pussent être utiles à mon pays, à la France ! Et puis je suis désireux des longues courses en chemin de fer, des admirables nuits en bateau où l'on est seul, sous l'œil de Dieu, dans l'immensité des mers.

Je vais traverser l'Italie, en courant ; j'y suis allé deux fois déjà, je reverrai quelques monuments, j'irai admirer quelques points de vue et ce sera tout : mon voyage ne commencera réellement qu'à Brindisi ; aussi après m'être arrêté près de Marseille, à Beaulieu, à Monte Carlo, je file directement sur Rome, où je n'avais que quelques personnes à voir, et je reprends le train pour Naples.

Tout le monde connait Naples ou doit le connaitre — c'est le voyage obligé des nouveaux époux. Chacun a joui de la vue magnifique de la baie, s'est extasié sur l'originalité de ses rues plus singulières que celles d'aucune ville de l'Europe ; moi je ne suis retourné qu'à Pompéï. Je voulais voir les fouilles récentes que l'on y a faites, j'étais curieux surtout de voir ces maisons si admirablement conservées, ces fragments de peinture murale retrouvés avec un éclat extraordinaire. J'avais envie de voir les calorifères Romains dont les tuyaux courent entre de doubles murs ; les canalisations d'eaux si bien réparties, allant dans toutes les maisons, dans tous les jardins, les branchements faits comme ceux que nous avons aujourd'hui, fermés ou ouverts comme de nos jours par des robinets que l'on croirait avoir été enlevés sur une des places de Paris. Il y a, au point de vue des mœurs, de bien curieuses études à faire à Pompéï.

Puis de Pompéï j'ai voulu aller voir Sorrente, un de mes amis m'avait beaucoup engagé à faire cette course en voiture. J'avoue que j'en ai été ravi. Quoique je n'aie pas la prétention de faire un guide, que je ne veuille pas du tout me poser en concurrent de Joanne ou de Bædeker, je me permettrai de recommander cette course à tous les amateurs d'un beau paysage réfléchi dans la splendeur de la mer, je trouve même que cette vue est préférable à toutes celles tant vantées de la Baie de Naples, vue de la pleine mer. Allez à Vico-Equinze et vous me direz votre avis. Ce qu'il y a de certain c'est que cette course est un peu fatigante et que l'on est fort aise de se reposer, à Sorrente, sur la terrasse de l'Hôtel Victoria en voyant dans le lointain les lumières de Naples Je suis rentré dans cette ville par le bateau de Capri ; le lendemain, j'ai étudié d'un peu plus près cette singulière population dans laquelle il y a tant de ruffians, qui vous tendent la main avec l'air de vous rendre un service, prêts à toutes les besognes sans être aptes à aucune, population sobre à l'excès, pour laquelle deux sous de macaroni, arrosé d'eau claire, constitue un excellent repas.

Le dimanche 1er mars, je suis parti pour Brindisi ; je me suis embarqué pour Corfou le soir même, sur le *Scylla* de la compagnie Rubattino. Je trouve ce bateau plus propre et plus confortable que je ne le pensais. Nous avons une mer assez mauvaise, nous sommes cependant arrivés à Corfou le lendemain vers les dix heures du matin. Je descends à l'Hôtel St-Georges, assez bien pour cette petite ville — le meilleur assurément. Après avoir déjeuné à bord, je débarque en petit bateau, mais la rade est si bonne, le temps est si beau, le pays si riant et si joli que cela ne parait rien. J'avais tant entendu parler de Corfou, qu'au premier abord cette île ne me fait pas l'effet aussi jolie — plutôt que belle — qu'elle l'est en réalité. L'arrivée est charmante, par le contraste : quand on vient de Brindisi on entre dans le canal qui sépare Corfou de la terre ferme, on voit à sa droite les côtes d'Albanie, sauvages et désolées, et à sa gauche l'île avec son amphithéâtre arrondi, la variété de ses récoltes qui sont d'une richesse inouïe, le tout dominé par les canons de la citadelle qui se dresse au-dessus du port de Corfou.

A peine arrivé, et ma toilette faite, je vais chez le consul de France : ce sera toujours ma première visite dans les villes où j'arriverai. Je trouve un bon *garçon*, un homme tout rond au physique et au moral, qui n'ayant rien à faire dans un pays où il n'y a ni commerce, ni industrie, passe son temps à peindre des aquarelles avec une ténacité et une constance extraordinaires ; il se console ainsi des Français qu'il ne voit pas, des habitants parmi lesquels il n'a pas beaucoup de relations, et de la lumière de la Provence, son pays natal, dont il a l'accent et la faconde.

Après cela, je suis allé porter des lettres de

recommandation que j'avais pour deux hommes très différents l'un de l'autre. L'un, Monsieur R., qui par la haute position qu'il a occupée auprès du roi de Grèce a vu toutes les capitales de l'Europe, a été en relation avec tous les hommes qui ont marqué, soit en France, soit à l'étranger, depuis 1860.

L'autre, qui appartient aussi à l'aristocratie de l'île, aristocratie assez nombreuse mais ruinée par toutes les péripéties qu'a subies Corfou avant d'appartenir à la Grèce ; elle a été tour à tour rattachée aux royaumes latins après les croisades, aux Turcs, ensuite aux Anglais, aux Grecs enfin, mais cela n'a pas été sans luttes, sans guerres, sans dépenses, que l'aristocratie a payées, comme toujours, de son or et de son sang. Monsieur S. Q., un très aimable homme, avec une petite pointe d'originalité qui relève la saveur de tout ce qu'il dit, est un causeur charmant. Dans sa retraite de Corfou il a conservé le goût des arts et de toutes les littératures, il est au courant de tout et connaît aussi bien son Paris, qu'il espère bien revoir, que s'il l'avait quitté hier. Il m'a accueilli comme une vieille connaissance, a immédiatement mis à ma disposition son influence très grande, et, ce que j'ai trouvé beaucoup plus agréable, sa très aimable société. Demain nous passerons à peu près toute la journée ensemble, je me promets une véritable satisfaction de pouvoir causer plus longtemps avec lui ; il a une si drôle de manière d'apprécier toutes choses !

Après avoir satisfait à mes devoirs de société, et m'être rendu chez les correspondants auxquels mes amis m'ont adressé — lesquels d'une chose qui aurait pu être très ennuyeuse, ont fait, par l'affabilité de leur accueil une très agréable visite — je suis allé au *Kanon*, très joli point de vue sur le canal de Corfou, c'est comme le bois de Boulogne de l'île, tout le monde y va, et on a raison, même ceux qui ne viennent à Corfou que pour quelques heures — en relâche.

J'avais une journée charmante à passer. Monsieur S. Q. devait me faire visiter le château royal, construction qui date de la domination anglaise dont je n'ai pas grand'chose à dire. Le roi de Grèce l'a fait remeubler pour le Tsarewitch qui avait l'espérance que le magnifique climat de Corfou pourrait arrêter l'implacable maladie dont il est mort. Il n'y a qu'une chose très curieuse au point de vue historique, c'est la salle de l'ancien Sénat qui contient un tableau portant la signature autographe de ceux qui ont voté l'annexion de la Grèce.

Après déjeuner, nous faisons une promenade en voiture dans l'intérieur de l'Ile, c'est un véritable plaisir pour les yeux de voyager dans ces pays charmants où tout vient à souhait ; au milieu de bois d'orangers et de citronniers, où l'on ne sait ce qu'il faut le plus admirer, mais où l'on sent très bien ce qu'il faut envier, où la température est toujours douce, le ciel toujours pur, où tant de gens viennent se réchauffer à ce beau soleil, et lui demander de réparer leurs forces. Après une assez longue promenade, mon aimable compagnon me fait visiter sa propriété qui, pareille à toutes celles de Corfou, jouit d'une vue magnifique.

J'ai vu, le soir de ce même jour, Monsieur R., vieillard de quatre-vingts ans, qui me fait promettre d'aller chez lui le lendemain, désireux qu'il était de me faire admirer les souvenirs curieux qu'il a rapportés de tous les coins de l'Europe. Monsieur R. est un des hommes les plus décorés que j'aie jamais rencontré ; il a au moins dix grands cordons et on ne peut compter les plaques qu'il a dans ses vitrines; mais ce qui est plus intéressant encore c'est le récit de ses souvenirs qu'il raconte avec une parfaite bonhomie. Décidément Corfou est une île bénie de Dieu ; les habitants, ou du moins ceux avec qui j'ai été en relations sont des hommes de valeur qui ne le cèdent en rien aux Corfiottes que je verrai en Grèce, leurs parents et amis.

Avant de quitter Corfou j'avais encore, touchant pélerinage, à visiter la villa Achilleion construite par la plus infortunée des souveraines — Elisabeth d'Autriche — après la mort si étrange et si singulière de l'Archiduc Rodolphe. Passant à Corfou pendant un de ses nombreux voyages, et séduite par le climat, la beauté de la végétation, l'étendue de la vue, elle résolut d'y faire bâtir un palais. Elle n'y est venue que rarement, un assassin lui barrait la route; elle fut prise comme victime expiatoire par un de ces anarchistes Italiens, dont la main ne fut arrêtée ni par le malheur, ni par le sexe, ni par l'inutilité de son crime ; il avait été désigné comme tant d'autres pour frapper, il tua pour tuer, sans raison comme sans motif. Pauvre femme, pauvre Reine! Telles étaient les pensées qui m'absorbaient pendant que la voiture me conduisait à la villa Achilleion, par une route assez boisée. Rien à dire de la construction, c'est une grande villa du confortable le plus moderne, uni à la plus grande simplicité. Il n'y a rien d'impérial, aucun souvenir de l'impératrice, rien de remarquable, enfin, que la vue qui est très belle, le parc qui est ombragé, les jardins qui sont très soignés et contiennent la plus belle collection de roses que l'on connaisse.

Je suis allé aussi à Pellika, la plus belle promenade de l'Ile, la seule que je recommande vraiment, qui les résume toutes en donnant la vue du canal de Corfou et de la pleine mer ; c'est un spectacle qui est la caractéristique de tout ce que l'on voit à Corfou, il vous repose et vous charme en même temps.

Les voyages ont comme toute chose leurs ennuis, et l'un des plus grands est le départ. On est toujours poussé en avant, et cela au moment où l'on commence à jouir du pays où l'on est ; c'est ce qui m'arrive à Corfou et m'arrivera si souvent encore ; le navire qui doit m'emmener est en rade, il faut partir, je serai demain à Patras.

Je ne quitte pas l'Ile sans visiter les établissements d'instruction français, je vais les suivre dans toutes les Echelles du Levant, voir, pas à pas, l'influence française, ses causes, son affaiblissement qui est incontestable et sa disparition qui est probable, si le gouvernement, que la France s'est donné, ne modifie pas sa politique à l'intérieur, dont la répercussion est énorme à l'étranger et surtout dans les pays de protectorat.

Pendant que le *Monténégro* frappe, des coups répétés de son hélice, les flots de la mer Ionienne, je réfléchis, je me dis qu'il faut donner un but à mon voyage, qu'il faut prendre des notes pour faire un mémoire qui peut-être sera utile un jour, et ainsi, petit à petit, je suis amené à dire plus de choses que je ne voulais. Je suis entraîné à faire connaître au lecteur quels sont les divers protectorats que la France possède dans les Echelles du Levant. Je vois mes lectrices effrayées, mes lecteurs ennuyés, enfin tout le monde effarouché et se disant : « C'est un peu ennuyeux ; au lieu de nous raconter ses voyages, voilà qu'il va nous faire un cours de diplomatie. »

Rassurez-vous, chers lecteurs, je ne vous ferai pas un cours, pour beaucoup de raisons, dont la meilleure est que j'en serais parfaitement incapable, je veux seulement vous donner quelques... notions, c'est le seul mot qui rende ma pensée, que j'ai puisées moi-même dans un ouvrage très intéressant, beaucoup plus intéressant que le mien, plus sérieux aussi, que vient de faire paraître

M. Francis Rey (1). Dans ce voyage j'ai vu pas mal de choses et je me suis convaincu que notre influence française allait se perdant, je me suis promis de faire tout ce qui serait possible pour l'empêcher, dans la mesure de mes forces. Je tiens parole, faites-moi crédit de quelque patience, chacun trouvera peut-être quelque chose à glaner dans ce champ si vaste.

---

(1) Francis Rey, *Protectorat diplomatique et consulaire dans les Echelles du Levant*. Le Rose. 1899.

CHAPITRE II

LA FRANCE DANS LES ÉCHELLES DU LEVANT.

Ses protectorats. — Intervention de la Russie. — Sous la République. — Sous l'Empire — Reconstitution du protectorat français. — De nos jours.

La Monarchie, qui a fait la France, s'est constamment occupée de cette question. Dès le neuvième siècle, Charlemagne, en recevant les clefs du saint sépulcre, ouvre la voie que suivent avec une unanimité touchante les Rois, ses successeurs. François Ier signe le premier traité qui ait été fait par un roi chrétien avec le Grand Seigneur, il y fait insérer une clause de protection pour tous les catholiques : c'est l'origine des capitulations. C'est de ce traité que date notre influence avérée, car après les croisades nous étions tellement les représentants de l'idée chrétienne que sous le nom de Francs on confondait tous les chrétiens, et qu'encore aujourd'hui, non seulement dans le peuple, mais même dans la conversation courante, on vous dit : les Francs ont fait telle ou telle chose, les Francs ont tels droits, les Francs ont telles obligations. C'est la constatation d'un fait existant, qui a pour conséquence une influence française très considérable.

Le premier, qui ait été frappé de cette main-mise de la France sur les relations du monde chrétien avec les Mahométans, est Pierre le Grand ; le premier il a demandé à ce que le protectorat des Grecs unis lui fût réservé, et par le traité de Kainerdji, il a fait accorder à ses successeurs le protectorat Grec dont il a tiré et dont ils tirent encore les plus grands avantages. A partir de ce moment, deux protectorats bien distincts marchent côte à côte : la France, pour les catholiques latins, en Grèce, en Egypte, en Palestine, en Syrie, en Mésopotamie, en Anatolie, à Constantinople enfin, et la Russie pour l'orthodoxie ; mais il y a une bien grande différence entre la protection accordée à l'une et à l'autre de ces puissances, la Russie n'a qu'un protectorat religieux, la France a un protectorat à la fois diplomatique, religieux et commercial. La conséquence forcée de la situation prépondérante qu'avait la France en Turquie se traduisait de toutes les façons, par son action diplomatique qu'elle employait libéralement envers tous ceux de ses nationaux ou de ses protégés qui y faisaient appel, et c'était fréquent ! Mais aussi la diffusion de son langage était extrême, son autorité toute puissante, et lorsque Bonaparte arriva en Egypte, il fut étonné et charmé tout à la fois, quand les Maronites, arrivés à St-Jean d'Acre, lui apportèrent des vivres dont il avait grand besoin, en lui disant : « C'est pour nos frères les Français que nous sommes envoyés et non pour vous qui persécutez l'Eglise catholique romaine ». Il leur répondit, en profond politique qui est décidé à balayer tous les révolutionnaires qui l'entourent : « Je reconnais que les Maronites sont Français de temps immémorial, moi aussi je suis un catholique Romain et vous verrez que par moi l'Eglise triomphera et s'étendra au loin » (1).

C'était en 1797, Napoléon était séparé de la France par bien des difficultés, sans compter les croisières anglaises, et déjà dans son esprit le Concordat de 1802 était résolu. Il avait cet esprit de gouvernement qui a été une des formes les plus brillantes de ce génie universel qui a ébranlé la vieille Europe ; il avait vu, de ce regard auquel rien n'échappait, combien les populations d'Egypte, de Palestine et de Syrie étaient liées à la France et à la religion, et il mettait en pratique, un siècle avant qu'elle ne fût prononcée, cette parole cynique autant que fameuse : « l'anticléricalisme n'est pas un article d'exportation. »

Mais je m'oublie et je perds de vue que je me suis promis d'essayer de donner à mes lecteurs quelques points de repère pour leur faciliter la lecture de ces réflexions plus sérieuses qu'elles en ont l'air.

---

(1) Murat, page 37.

Nous en étions au moment où la France, presque mourante des blessures nombreuses que lui avait faites la Révolution, était comme un champ ravagé par la grêle, dans lequel il ne reste debout que quelques débris. Les pays de patronat étaient dans un semblable état, malgré le soin qu'avaient pris ceux qui avaient la charge de diriger (?) les affaires de la France, de dire bien haut qu'ils revendiquaient tous les avantages du passé. Le Comité de Salut public allait plus loin, il déclarait rester fidèle (!) aux traditions de la Monarchie, il donnait l'ordre à ses agents de marcher toujours d'accord avec les Evêques et les congrégations, d'assister aux cérémonies du culte, et d'y observer l'attitude recueillie des représentants de l'ancien gouvernement (1), et à l'heure même où l'on donnait ces instructions à Semonville, on dissolvait les ordres religieux, on décrétait la constitution civile du clergé, et on proclamait le culte de la déesse Raison. On voulait être trop rusé et trop fin, comme aujourd'hui du reste ; l'histoire n'est qu'un perpétuel recommencement.

Les instructions de Semonville sont celles que l'on donne à M. Constant, mais les protégés français sont moins forts et moins habiles, ils ne comprennent pas les finesses de la diplomatie. Ils ont des sympathies pour la France parce qu'ils sont catholiques, si la France n'est plus catho-

---

(1) Lettre officielle. Archives des affaires étrangères.

lique, pour eux elle n'est plus la France, ils sont désemparés et, comme des naufragés, ils tendent les bras à tout venant.

Déjà à cette époque (1793), le nombre était grand, des peuples qui, comprenant l'importance des protectorats divers que nous exercions en Orient, s'offraient pour nous remplacer. C'était l'Autriche, ce sont les deux Siciles, c'est le pape lui-même qui engage les communautés religieuses à se placer sous la protection de l'Empereur (1).

La Révolution a eu un effet plus désastreux encore pour les intérêts vitaux de la religion, elle ruine et elle désagrège les ordres religieux en rendant plus rares les vocations, en les tarissant presque, par les mesures révolutionnaires qu'elle avait prises, et aujourd'hui nous recommençons! Le protectorat au point de vue politique suit la même dépression, il devient à peu près nul, les pachas ne sont plus contenus par l'intervention continuelle de l'ambassadeur de France, ils redeviennent eux-mêmes, c'est-à-dire lâches, cruels, arbitraires et... voleurs.

Le premier Consul arrête heureusement cette décadence de l'influence française, il reprend la politique de la Monarchie, fait inscrire les capitulations dans ses traités. Lorsqu'il conclut avec la Turquie les accords de 1802, il fait écrire par Talleyrand à l'ambassadeur de France à Constan-

(1) Archives des Affaires étrangères.

tinople (1) que si tous les sanctuaires sont rendus aux catholiques, les chrétiens de Syrie et d'Arménie protégés, si le protectorat de la France s'étend sur toutes les caravanes qui visitent les Lieux Saints, cette influence ne pourra que consolider la considération dont les Français jouissent dans les Echelles du Levant.

La France, à la fin du premier Empire, avait reconquis sa place en Orient ; l'œuvre de la Monarchie, secondée par des ambassadeurs, qui chacun, à des titres divers, furent des hommes remarquables, était entière ; l'Europe l'avait reconnu, chaque fois que des traités intéressant l'Orient avaient été signés par les grandes puissances. Lors de la liberté de la Grèce, lors de l'abandon du protectorat de la Grande-Bretagne sur Corfou, enfin lorsqu'à la suite de la guerre Russo-Turque il y eut à Berlin un Congrès, les plénipotentiaires de la France eurent pour mission de réserver nos droits en Syrie, dans les Lieux Saints, en Egypte, droits qui furent reconnus par l'article 42 du traité. La Papauté elle-même exprimait alors « son entière satisfaction et sa vive reconnaissance » (2).

Depuis vingt années, et tout récemment encore, le Saint-Père a fait la même déclaration au sujet du maintien de la protection française, il a dit « que

(1) Talleyrand au Maréchal Brune, 20 Messidor an XII.

(2) Le cardinal Franchi au nonce, 28 juillet 1878.

les missionnaires doivent être informés, afin que s'ils ont besoin d'aide, ils recourent aux consulats et autres agents de la nation française » (1).

Pendant les dernières années bien des changements sont survenus en France, et c'est à cette époque que j'ai parcouru les Echelles du Levant : l'émotion y est à son comble, j'ai vu des protégés français me dire à propos de ce qui n'était alors qu'un projet, devenu une triste réalité aujourd'hui (2) : « Pourquoi nous abandonnez-vous ? », et sur mes affirmations que la France ne les abandonnait pas, que ce n'était qu'une question de politique intérieure, ils reprenaient de plus belle : « Mais vous chassez les sœurs et les prêtres, c'est nous que vous chassez, c'est à nous que vous retirez votre protection ». Triste répercussion d'une détestable politique intérieure que l'on ne voudrait pas appliquer à l'étranger, mais qui, comme une tache d'huile, ira beaucoup plus loin que la volonté de ses auteurs. Car je ne puis croire que de propos délibéré, des hommes politiques, des ministres intelligents, dignes de cette haute fonction, veuillent renoncer au protectorat français en Orient.

Quelle sera l'influence d'un agent diplomatique allant demander justice à la Porte Ottomane pour les jésuites, les assomptionnistes, les capucins, les franciscains, lorsque ces ordres seront chassés de

(1) Georges Goynes, *la France Chrétienne*, 1896.

(2) La loi des associations.

France? Que répondront-ils au Grand-Vizir ou au Vali qui leur dira : « Mais nous ne vous comprenons pas, vous chassez les ordres religieux, nous les chassons aussi ». Et l'on ne pourra pas objecter que ce sont des Français en faveur de qui l'on met en mouvement, l'influence diplomatique, car ils peuvent très bien être Italiens, Allemands ou Anglais.

Déjà les agents sont très gênés quand ils ont à porter quelques réclamations au Divan. Quelle sera leur attitude demain ?

On votera peut-être cette année les huit cent cinquante mille francs que le budget accorde aux établissements qui donnent l'instruction française, quoique les socialistes aient déposé au budget un amendement pour demander la suppression des subventions inscrites pour les établissements français d'Orient et d'Extrême-Orient. Que fait à la question que le rapporteur du budget ait reconnu « qu'il n'avait pas à rappeler la haute portée politique du patronage moral et intellectuel que la France n'a pas cessé d'exercer en Orient et surtout dans le bassin de la Méditerranée? » Cela fera autant d'effet dans les Echelles du Levant qu'en faisait le Comité de Salut public prescrivant à ses consuls d'assister avec recueillement aux cérémonies du culte, tandis qu'il chassait les prêtres, et faisait à Notre-Dame les saturnales de la déesse Raison. Les mêmes causes produisent toujours les mêmes effets dans l'ordre moral comme dans l'ordre naturel.

CHAPITRE III

GRÈCE

Patras. — Olympie. — De Patras à Corinthe. — L'Acro-Corinthe. — Mycènes. — Nauplie. — Athènes. — Première visite à l'Acropole. — Messe à bord. — Lunch sur le *Du Chayla*. — Visite à l'Archevêque, au Collège de St-Denis, à l'Ecole des Sœurs. — A Tatoï. — A Eleusis. — Une fête sur l'Escadre. — Course à Salamine. — A Phalère. — Dernière visite à l'Acropole. — Course à la Tour de la Reine.

Partis de Corfou à quatre heures de l'après-midi, nous étions arrivés à Patras au lever du jour. Aussitôt je suis sur le pont, mon imagination me rappelle le temps heureux où je sortais du collège la tête bourrée de grec et de latin. Je fais presque malgré moi une sorte de revue rétrospective qui va depuis le soldat de Marathon, jusqu'au puissant roi des Perses Artaxercès. Je voyais passer devant mes yeux tous les hommes fameux de la Grèce, je mêlais les uns aux autres, les Lacédémoniens et les Athéniens, Homère, Praxitèle et Pindare, Pelopidas et Epaminondas, Lycurgue et Périclès, les Thermopiles et le cheval de Troie, tout cela faisait une sorte de salade dans mon esprit, — l'image est peut-être osée, — Hélène et les courtisanes fameuses, Ulysse et Ménélas, sans oublier Pàris !

Je revoyais toutes les grandes figures anciennes pendant qu'appuyé sur le bastingage je regardais la Santé venir à nous lentement pour nous donner la libre pratique. Que celui qui n'a pas subi cette sorte d'hypnotisme en arrivant en Grèce pour la première fois, me jette le premier la pierre.

Nous passons très facilement à la douane, j'ouvre de grands yeux pour voir les Grecs, j'avoue que j'ai eu une petite désillusion quand j'ai vu sur le quai une animation semblable à celle de tous nos ports de mer.

Patras est le premier port de la Grèce après le Pirée, il a une cinquantaine de mille habitants. Je descends à un Hôtel français où tout le monde parle ou comprend le français, c'est une remarque que je ferai à peu près partout. On crie et on vend beaucoup de journaux ; la fâcheuse politilique me paraît sévir ici, ce sont bien toujours les fils des Grecs qui ont proscrit Aristide parce qu'ils étaient ennuyés de l'entendre appeler le Juste ; enfin Patras a la physionomie d'une ville Française.

Je vais, selon ma coutume, voir l'école de Patras, subventionnée par le ministère des affaires étrangères, j'y trouve des enfants assez intelligents qui apprennent le grec et le français.

De Patras à Olympie il y a des chemins de fer !

C'est bien commode, bien meilleur marché, mais cela enlève toute poésie, toute couleur locale. Voyager en Grèce me semblait inséparable de toutes les histoires de brigands que j'ai entendu raconter, de courses interminables à âne et à cheval, peut-être même en voiture, dans les parties où il y a des routes. Au lieu de cela je vais à la gare de Patras, et demande un billet aller et retour pour Olympie ! J'allais visiter ces lieux, qui étaient déjà fameux six cents ans avant J.-C., par le train du matin et j'aurais pu en revenir par le train du soir.

Ce sont de belles ruines et cette réunion de tous les sanctuaires des divinités des divers peuples de la Grèce, sous la suzeraineté spirituelle de Zeus, est une idée grandiose et que les Grecs avaient magnifiquement réalisée. Mais ils ne voulaient pas s'ennuyer : à côté des temples des divinités, ils avaient placé les lieux de plaisir ; le nom des jeux olympiques est encore fameux, le Stade est là-bas côte à côte avec l'Hippodrome, et comme si ce n'était pas assez de tous les jeux athlétiques, les Grecs firent d'Olympie le rendez-vous, dans une sorte de grande foire, des amateurs et des curieux du monde païen. Rien n'est nouveau sous le soleil, nous les avons imités bien souvent !

Montez, quand vous irez à Olympie, sur le mont Kronos, et vous aurez une perspective complète de l'Athis. Figurez-vous les sept grandes voies qui reliaient Olympie, aux diverses contrées de la Grèce, peuplées de tout le monde païen, les boutiques émergeant à côté des temples, au milieu des platanes et des oliviers et vous aurez l'idée à peu près exacte de ce que devait être cette magnifique ville, dont il ne reste plus que des ruines assez bien conservées par deux mètres de terre, où l'on peut distinguer encore les diverses constructions qui constituaient Olympie. Je ne vous ferai pas la description de ce qui reste du temple de Zeus, du Boulenterion, de la Palestre des trésors, ni de la grande terrasse qui les soutient ; du Stade où se jouaient les jeux olympiques, pas plus que de l'Hippodrome où les anciens faisaient courir leurs chars, qui est du reste complètement emporté, à ce que l'on dit, par l'Alphée. Tout cela vous sera très bien expliqué par Joanne(1). J'ai à parcourir le très grand musée d'Olympie, j'y admire la magnifique statue de Praxitèle et je reviens à Patras ; j'ai vu en passant Pyrgos, où il ne reste plus rien de curieux, c'est une très grande ville assise au milieu d'une plaine marécageuse. Il me restait, de ma course à Olympie, le souvenir d'un assemblage de ruines magnifiques, d'un très beau paysage et d'un très mauvais hôtel.

De Patras à Corinthe le chemin de fer suit d'abord le bord de la mer, puis s'élève jusqu'à un pont très élevé, sur lequel il franchit le canal maritime de Corinthe qui a l'apparence d'un joujou d'enfant, les berges en sont très élevées, le

(1) Grèce, 2e partie. Joanne.

fond n'est pas assez creusé, même pour les bâtiments de commerce, bref, dans l'état actuel, il ne me paraît pas pouvoir servir à grand'chose, et le cabotage ne semble pas assez important entre la mer Égée et l'Adriatique pour que cela puisse être une bien bonne affaire, jamais les grands paquebots n'y passeront et les autres pas souvent.

Corinthe, non pas la ville antique dont il ne reste plus vestige, mais la ville nouvelle, dont il n'y a rien à dire, n'est célèbre que par les souvenirs nombreux de l'antiquité et... par ses raisins secs; on s'y arrête uniquement pour aller à l'Acro-Corinthe. J'aurais bien voulu être le héros Bellérophon pour me saisir du cheval Pégase ; il aurait du moins servi à quelque chose en me montant au sommet de ce rocher de six cents mètres de hauteur. Quand j'ai été arrivé, je n'ai pas regretté ma course, largement compensée par le splendide panorama que l'on découvre. Comme je suis un peu fatigué par l'ascension que je viens de faire, je demande au lecteur la permission de lui faire admirer les ruines du temple d'Aphrodite, fameux surtout par le culte que l'on y rendait à cette divinité, accueillant toutes les offrandes pourvu qu'elles lui fussent présentées par des courtisanes qui, au nombre de mille environ, étaient les singulières prêtresses de cette religion.

Je vis, du haut de ce rocher qui se dresse comme un phare à l'entrée du canal, la plaine de l'isthme, nue et jaunâtre comme les bords de la mer à

Alexandrie ; en me retournant, les flots bleus du golfe dominés par les cimes neigeuses du Parnasse ; dans le lointain, j'aperçus Salamine et, à l'horizon, à peine perceptible, les marbres du Parthénon, toute la Grèce enfin, avec ses montagnes, ses mers, ses temples, ses palais, ses gloires ; je devine Sparte, Thèbes, Athènes. Je les vois par la pensée telles qu'elles étaient lorsqu'elles furent chantées par Homère.

Tout a une fin dans ce monde, mon lyrisme plus encore que tout, et après avoir admiré comme elles le méritaient les splendeurs de cette vue, je suis redescendu sur terre, et retourné à la gare chercher le train qui allait m'emmener à Nauplie.

Il y a des torrents partout, mais ils sont tous à sec, de sorte que, même avec beaucoup d'imagination, je ne puis voir la route que je parcours autrement que dénudée et poussiéreuse, avec de grandes montagnes escarpées, coupées de temps à autres par d'épais massifs de lauriers roses. Nous approchons de Mycènes, fameuse par les crimes d'Egiste et de Clytemnestre et par les tombeaux récemment découverts, dans lesquels on a trouvé, ensevelis sous l'or, des ossements à propos desquels a été dépensée beaucoup d'encre dans de très savantes discussions ; mais ce qu'il y a de sûr, c'est qu'ils contenaient de véritables merveilles et que cette découverte était un événement scientifique de grande importance.

Nous entrons dans une tout autre région maintenant; après avoir franchi des défilés, nous ne voyons que des champs de blé, de coton, de vigne et de tabac. Nous sommes dans la plaine d'Argos où Ypsilanti réunit, sur les gradins du théâtre ancien, la première assemblée nationale grecque. Nous sommes à Nauplie.

Ici encore, nous ne trouvons que des ruines, qui n'ont pas le même intérêt que celles de Mycènes, mais nous avons un magnifique point de vue, qu'il faut gagner, par exemple ; on monte un escalier de huit cent vingt-sept marches (1). J'en suis encore fatigué.

Moulu, harassé par ces deux ou trois jours de voyage et de continuels va-et-vient, le chemin de fer de Corinthe m'a déposé à Athènes le soir à l'Hôtel d'Angleterre, où j'ai été très bien. Le trajet est très court, puisque la distance parcourue n'est que de quatre-vingt-dix kilomètres, mais il faut trois heures en express, il est vrai que j'ai appris à mes dépens que les chemins de fer de Syrie et de Palestine ne font pas cela, tant s'en faut ; le pays, assez peu fertile au début du voyage, devient à partir de *Megare*, la seule ville importante que l'on rencontre, un pays d'oliviers et de vignes ; quand on a dépassé Eleusis pour entrer dans la plaine d'Athènes, il me semble que la végétation est un peu plus riche.

Mon premier soin a été d'aller voir le comte

---

(1) Joanne : *Grèce*, t. 2.

d'Ormesson, ministre de France, un de mes anciens et meilleurs amis que je n'avais pas vu depuis de longues années. Je l'ai trouvé toujours le même, causeur instruit et aimable ; il a profité dans une large mesure de tout ce qu'il a vu et entendu à l'étranger, il juge toutes choses avec une sincérité qui n'est pas exempte d'un certain scepticisme. Sa femme, aussi bonne que jolie, était née pour être la compagne d'un diplomate qu'elle complète par tout ce qu'elle sait, et qu'elle aide par sa conversation charmante.

Le succès qu'ils ont en Grèce en est un sûr garant ; au milieu d'une société très policée, très admiratrice de nos savants et de notre littérature, dans laquelle la causerie est fort en honneur, une société, en un mot, qui est digne, au point de vue intellectuel, de tous ses grands hommes : le peuple grec est intelligent, il est indulgent, hospitalier et aimable; il a enfin un grand avantage, il est patriote, et des siècles d'esclavage n'ont pu lui faire oublier ses gloires. Le français est parlé dans toutes les sociétés, presque sans accent. C'est par conséquent un terrain dans lequel le ministre de France et son aimable femme se trouvent fort à l'aise ; accueillis avec bienveillance parce qu'ils sont Français, ils ont été appréciés comme ils le méritaient, dès qu'ils ont été connus ; aujourd'hui ils sont aimés, demain peut-être ils seront regrettés.

A peine arrivé, et les premiers mots échangés, d'Ormesson m'annonça que le matin même les officiers de notre escadre légère, commandée par l'amiral Caillard, déjeunaient à la légation, qu'ils avaient quarante-cinq couverts, et que je ferais très bien le quarante-sixième, ajouta-t-il très amicalement. J'avoue que je fus sans défense devant tant de bonne grâce, et surtout devant la pensée d'assister à la réception officielle d'une escadre française dans le Levant, ce qui ne se voit que rarement. On n'est pas prodigue de notre pavillon en Orient où il est si utile et si bien accueilli. Toujours des raisons budgétaires ! Décidément mon voyage commence bien.

Le déjeuner de la légation ne s'est pas passé comme un banquet officiel, il y avait des dames en grand nombre, ce qui donnait au repas une note gaie ; tout le monde parlait français, la conversation était très animée. Il est vrai que j'étais très bien placé, entre la fille de notre ministre et le commandant d'un des stationnaires de Constantinople avec lequel je me suis lié, et que j'ai eu la satisfaction de retrouver dans le cours de mes pérégrinations. C'est incroyable comme on se lie vite en voyage, la joie que l'on éprouve à retrouver des Français, surtout quand ce sont des hommes de la valeur de mon voisin de table. Nous avons causé de tout, avec ce sans-gêne du marin et l'intérêt qu'avait pour moi l'expérience d'un homme qui a beaucoup pratiqué l'Orient, et qui voulait bien me faire profiter de ce qu'il avait appris. Je lui disais les courses que je voulais faire en Grèce pendant le peu de temps que j'y pouvais rester ; nous arrivâmes à parler de Salamine et de la victoire que les Grecs avaient remportée sur Xerxès ; il avait la bonté de m'expliquer les causes de ce désastre lorsque un officier de la marine grecque me dit : « Mais je serais très heureux de vous faire voir Salamine, je suis capitaine du port du Pirée ».

Après déjeuner, lorsque nous nous rencontrâmes dans les salons de la légation, il me dit : « Vous êtes un ami du comte d'Ormesson, je me mets avec grand plaisir à votre disposition ; nous allons prendre jour, ma chaloupe à vapeur vous attendra, et nous irons ensemble voir Salamine et l'arsenal ». Le commandant Lambro m'a fait faire une ravissante promenade que je raconterai en son temps et dont je suis heureux de le remercier.

La comtesse d'Ormesson me présente à l'amiral qui m'invite, avec une bonne grâce parfaite et pour ne pas me séparer de mes amis, me dit-il, à aller le lendemain assister à la messe à bord ; il fut très accueillant, très aimable, avec cette brusquerie du marin qui n'est pas exempte d'une certaine timidité ; il sut enfin, en quelques minutes, faire tout à fait ma conquête. Le nombre de gens aimables dont j'ai fait connaissance à la légation, est si considérable que je ne puis les nommer tous ; je dois faire une exception pour la famille du très compétent écuyer de Sa Majesté hellénique, le comte de Cernowitz qui m'a reçu et fait goûter à Athènes le charme d'un intérieur parisien.

Depuis le matin et bien avant que je me décide à aller à la légation de France, j'avais une idée fixe : aller à l'Acropole, dont j'avais aperçu les splendeurs en parcourant les rues d'Athènes. La ville est gaie, les rues larges, tout le côté du Palais Royal est semé de villas et de jardins qui lui donnent la physionomie d'une ville neuve, avec ses grands boulevards sur lesquels on vient de construire : les universités, les tribunaux, l'académie des sciences. Il ne faut pas chercher dans ces créations nouvelles quelques souvenirs des grands constructeurs de l'antiquité ; il est vrai qu'à l'ouest, à quelques pas d'Athènes, dans la ville même, on trouve les plus beaux modèles — on n'a pas pris la peine de les chercher.

On a construit des palais de mauvais goût, comme le Palais Royal qui a l'air d'une caserne, ou la cathédrale qui ne ressemble à rien avec ses styles mélangés byzantin et romain, et dont le dôme, surmonté d'une croix, nous apprend seul que c'est une église grecque. Tous ces édifices sont construits en marbre, tous ne sont heureusement pas peinturlurés en jaune, comme le Palais Royal, je pense que c'est pour lui faire mériter le prix de la laideur qu'on l'a ainsi défiguré.

Enfin j'arrive à l'Acropole ; je répète encore que je suis un ignorant des beautés architecturales, qu'il est très possible que mes appréciations soient très loin de la vérité, mais je ne puis dire au lecteur que ce que j'ai éprouvé, et tâcher de lui faire ressentir que les impressions qui ont été les miennes. Ceci dit une fois pour toutes, je déclare que j'ai éprouvé une des plus profondes émotions de ma vie quand je suis entré dans l'Acropole ; à la vue de cette masse de temples dominés par le Parthénon, je suis resté confondu par tant de beauté. Ces murs de Pélage, de Cimon, de Thémistocle qui paraissent avoir enfermé une véritable ville pendant un long temps, m'ont totalement captivé, absorbé et je n'ai pu me rendre compte de rien.

Puis le soleil s'est couché, estompant toutes ces merveilles de ses reflets de pourpre et d'or, et alors j'ai joui d'une admirable nuit au milieu de toutes ces ruines si bien conservées, une de ces nuits de l'Attique, si profondes, si éclatantes, si éclairées, pendant lesquelles tout prend un effet immense et où la vue s'agrandit de toute l'inimaginable grandeur qu'elle donne à tout ce que l'on voit.

Il y a tant de courses à faire à Athènes, tant d'antiquités à admirer, tant de musées à voir que l'on n'a plus le temps de songer aux personnes que l'on a rencontrées et que l'on voudrait mieux connaitre, pas plus qu'à celles pour lesquelles on a des lettres que l'on voudrait tant remettre ; il faut mener la vie du monde — j'en ai perdu l'habitude. J'ai le désir de tout voir, et de plus j'ai encore le séjour de l'escadre qui augmente mes embarras ; il faudrait que les jours eussent quarante-huit heures, ou que je puisse ne pas dormir — je n'en ai pas encore trouvé le moyen.

A onze heures du matin nous quittons Athènes par le chemin de fer du Pirée, gare du monastère ; car Athènes a un chemin de fer métropolitain, si je puis ainsi dire, qui aboutit d'un côté à la place de la Concorde, de l'autre à la rue Hermès, et qui de là va au Pirée, port d'Athènes, situé à dix kilomètres.

C'est ce petit voyage que nous allons effectuer pour répondre à l'invitation de l'Amiral. La messe était à onze heures et demie. D'Ormesson et toute sa famille, moi qui étais de la suite ; Mme et M. Omolles, directeur de l'école Française d'Athènes ; Mme et M. Alquier, délégué à la Dette ; Mme Lambert ; Mme et M. de Cernowitz, écuyer du roi, quelques autres Français formaient la petite caravane. Nous arrivons au Pirée d'où les chaloupes à vapeur de l'escadre nous remorquent à bord du *Pothuau*, le *Pothuau* de Cronstadt, le *Pothuau* de l'alliance Russe ! ainsi que le constate une plaque commémorative clouée au grand mât.

Je ne puis rendre l'impression profonde que fait à deux mille cinq cents kilomètres de la France, même chez une nation amie, la réception que l'on fait à un ministre de France ; ces marins sous les armes, les autres aux bastingages, les trompettes qui sonnent aux champs, l'officier de service à la coupée, le drapeau qui flotte au-dessus de nos têtes, tout cela fait battre le cœur et penser à la patrie absente. Mais ce n'est pas tout, l'amiral vient le recevoir et le conduire au prie-Dieu placé en avant à côté du sien, sur le tillac admirablement orné des drapeaux de toutes les nations, qui forment une véritable tente sous laquelle l'autel est dressé. Combien les militaires, et surtout les marins savent arranger toutes choses avec goût !

La messe commence et à l'élévation, quand le prêtre élève l'hostie, que les quatre marins de garde autour de l'autel mettent genou à terre, que les trompettes et les tambours battent aux champs, que la musique se fait entendre, je vois bien des yeux se mouiller. Chacun pense aux tempêtes qui mettent si souvent la vie des marins en péril, et comprend mieux la grandeur d'une messe à bord. Que nous étions loin de la politique, du parlementarisme et de ses chinoiseries ! Nous n'étions plus que des Français qui priaient pour la France.

L'amiral, après quelques mots aimables dits à chacun, retient le comte et la comtesse d'Ormesson à déjeuner ; nous regagnâmes nos barques et chacun dut songer à trouver un hôtel.

J'errais mélancoliquement, hanté par le spectacle inoubliable que je venais de voir, et je me disais que le Pyrée n'était pas un lieu où je voudrais finir ma vie, ni surtout la passer, lorsque je m'entendis appeler par des personnes qui, assises autour d'une table, se disposaient à déjeuner ; c'était ma bonne étoile qui m'avait guidé, M. et Mme de Cernowitz et Mme Lambert m'invitèrent à partager ce qu'ils trouvaient à manger. C'était détestable, mais nous étions gais, nous étions ensemble, nous avions l'espoir d'un thé qui nous était offert par le commandant Serpette à bord du *du Chayla*, aussi trouvâmes-nous que notre déjeuner était suffisant.

J'ai profité de ma visite au *du Chayla* et de l'extrême amabilité des officiers pour faire une revue complète d'un navire de guerre moderne : j'en suis revenu absolument émerveillé, dans l'admiration de la façon dont toutes choses sont arrangées, et dans l'ahurissement qu'un mécanisme aussi délicat pût être employé avec une mer qui n'est pas, hélas ! toujours aussi calme et aussi clémente qu'aujourd'hui. Le commandant Serpette a été pour moi d'une complaisance extrême, il a subi sans se plaindre toutes mes questions, il m'a donné ou fait donner tous les détails qui pouvaient seuls contenter mon intarissable curiosité. Après avoir remercié les officiers du *du Chayla* de leur excellent accueil, nous sommes partis enchantés de notre lunch, ravis, moi surtout, de l'inspection que les aimables officiers m'avaient fait passer, et nous sommes rentrés un peu fourbus par nos innombrables ascensions d'étages et d'échelles.

J'avais encore bien des choses à faire ; j'avais des lettres de recommandation pour Madame T., la femme d'un des plus grands fonctionnaires, et pour Madame S., dont le mari avait dû céder la place au mari de Madame T., oh ! nous sommes en Grèce, le pays par excellence où fleurit le régime parlementaire ! Je me promettais de remonter à l'Acropole la nuit, car j'avais encore dans l'esprit mon inoubliable impression de la veille, ce qui permit à une très Parisienne Athénienne de dire que j'étais amoureux... du Parthénon.

Le Musée, nouvellement classé par la Société d'archéologie d'Athènes, est fort intéressant, il est naturellement très riche par les fouilles faites à Mycènes, Tirinthe, Sparte, Salamine, Nauplie, il y a des merveilles comme tombeaux, bijoux, ivoires sculptés, statues, notamment l'imitation en marbre de la statue chriselephantine de Phidias, cette statue qui avait quinze mètres de hauteur, toute en or et en ivoire, et estimée la somme insensée de cinq ou six millions de notre monnaie !

D'Ormesson a eu la complaisance de me conduire chez l'archevêque d'Athènes ; je lui avais demandé un mot d'introduction, il m'a donné, en m'y conduisant, le meilleur de tous. L'archevêque est un prélat de grande valeur ; je ne lui ai pas trouvé les signes extérieurs d'un évêque d'Extrême-Orient, mais j'ai trouvé chez lui un immense amour de toutes les œuvres catholiques, une grande reconnaissance pour la France, une très grande appréhension de l'œuvre malsaine que poursuit son gouvernement. Nous avons beaucoup causé de toutes les fondations françaises, de leur influence dans le pays, au point de vue de la propagation de la langue et de la prépondérance de la France. Il m'a proposé de visiter le Collège Léonien de Saint-Denis qui est placé dans son palais même, et sous sa haute direction. Le ministre, très occupé, m'a quitté et j'ai fait ma visite tranquillement.

L'archevêque a eu la bonté de me donner toutes les explications que je rapporte : Son collège est pour le baccalauréat grec, ce qui équivaut à peu près au baccalauréat français ; notre langue est exigée de tous les élèves, presque tous les cours se font en français, ce qui se conçoit puisque toute la société aisée parle notre langue.

C'est une singulière situation que celle de Monseigneur, il n'est pas reconnu par le gouvernement grec comme archevêque d'Athènes, quoique personnellement il soit *personna grata*. Il y a beaucoup d'évêchés et d'archevêchés reconnus à la suite d'accords avec Rome, celui d'Athènes n'est pas reconnu par suite de je ne sais quelle circonstance. Il est délégué apostolique, ce qui lui donne une plus grande liberté d'action, dont la France profite. Il s'humanise, peu à peu, comme il arrive toujours dans une conversation prolongée ; il m'avoue qu'il craignait que l'amiral de France n'ait eu de son gouvernement l'ordre de ne pas venir officiellement lui rendre visite. Il est vrai que lorsqu'on a comme ministre de la marine F.·. de Lanessan, on peut s'attendre à tout! Heureusement les craintes du bon archevêque ne se réalisent pas, l'amiral vint le voir officiellement. S. G. alla à bord non moins officiellement, et les canons de l'escadre apprirent à la ville que Monseigneur était sur le *Pothuau*.

Puisque je suis à m'occuper de l'enseignement, je vais à l'école des filles, dirigée par des Sœurs de Saint Joseph. C'est une grande école où l'instruction m'a paru très bonne, les cours se font en français, tous les enfants parlent cette langue, et avec l'établissement des Oblats Salésiens qui est situé au Pirée dans les mêmes conditions, elle complète l'instruction française dans la ville d'Athènes. Mais ces écoles sont insuffisantes, il faudrait les multiplier, on aurait alors beaucoup plus d'élèves car ce ne sont pas les enfants qui manquent aux écoles, ce sont les écoles qui manquent aux enfants.

Je le répèterai toutes les fois que je parlerai de ces questions, et bien plus quand je serai arrivé, en Egypte, en Syrie, en Palestine, ce sont les crédits qui font défaut. Quoiqu'ils aient été augmentés depuis l'Empire, ils sont insuffisants et, ce que je chercherai à démontrer plus tard, au point de vue politique, ils sont insuffisants pour assurer la prédominance du pays, parce que c'est par l'école, et l'école religieuse, dans un pays de peuples primitifs et croyants, que l'on arrive à la diffusion de la langue, c'est par la diffusion de la langue que l'on peut maintenir l'influence séculaire de la France. Les Allemands et les Anglais le comprennent bien, mais c'est surtout les Italiens qui le mettent le mieux en pratique, aussi dépensent-ils un million là où nous donnons deux cent mille francs à peine.

J'ai fait deux promenades aux environs d'Athènes qui m'ont reposé un peu. Poussé par M. Thon, intendant du roi, pour lequel j'avais une lettre, et qui a eu la bonté de me donner toutes les facilités désirables, j'ai résolu d'aller à Tatoï, propriété du roi, qui possède là deux villas cachées dans un nid de verdure ; c'est ce qu'il y a de plus remarquable. Georges Ier, comme tous ses sujets, n'aspire, l'été, qu'à fuir la poussière plutôt que la chaleur d'Athènes ; on sait que la poussière d'Athènes est légendaire dans le monde entier. S. M. va se réfugier dans les contreforts boisés du Parnès, où il a dessiné un très beau parc, d'où l'on jouit d'une jolie vue sur la mer et surtout sur la plaine d'Athènes. J'ai tout visité, je n'ai rien vu de digne d'être noté qu'un parc très agréable, où l'on éprouve une fraicheur qui doit être bien plus reposante l'été, mais qui était déjà très digne de remarque à la fin de mars.

Je suis repassé par Kephisia où j'ai repris le chemin de fer d'Athènes ; j'ai salué en passant le

Pentilique qui a fourni à l'Acropole ce marbre à teinte dorée qui donne tant de corps à ces ruines, et qui a fourni ses matériaux aux constructions nouvelles d'Athènes.

Il y a deux voies pour aller à Eleusis, ou bien le chemin de fer, ou bien la route de Thèbes ; c'est cette dernière que j'ai prise parce qu'elle me montrait un côté de la ville encore inconnu pour moi. J'ai suivi la voie sacrée, - la route porte aujourd'hui ce nom,— les Anciens l'appelaient ainsi parce que les Athéniens la prenaient pour aller à Eleusis porter les « *objets sacrés* » la veille de la célébration des « *mystères* ». Il faut une forte dose d'imagination pour reconstituer les temples dans lesquels les Athéniens, préparés par un jeûne austère, venaient assister aux « *mystères* ». Quelle était leur véritable nature? Sur ce point nous en sommes réduits à des conjectures, la seule chose certaine est la condamnation d'Alcibiade contre lequel la Grèce, indignée par la profanation des mystères, avait prononcé une redoutable sentence. Quoi qu'il en soit il ne reste rien du temple d'Eleusis, et je trouve sur mes notes de voyage : « à côté de l'Acropole d'Athènes, qu'est-ce que c'est ? On a une belle vue sur Salamine. »

Je reprenais le chemin d'Athènes après avoir suivi la voie sacrée, reconnu diverses époques de la domination Turque par les débris de la route tracée par les Turcs au temps de leur puissance, après avoir vu enfin les progrès accomplis par les chemins de fer dont aujourd'hui Eleusis n'est plus qu'une station sur la ligne du Peloponèse. J'arrivais à l'endroit où l'on peut apercevoir le Parthénon et la ville d'Athènes, j'étais, je l'avoue, tout entier à la contemplation de ces ruines gigantesques, grandes comme une ville, qui se détachent si singulièrement de la ville moderne ; il y a un effet de lumière très curieux, le Parthénon et l'ancien temple d'Athena semblent isolés sur l'Acropole ; les tons verts du parc et la blancheur des constructions récentes forment un immense fond de tableau. Lorsque tout à coup je me trouvai allongé sur la route, dans la poussière bien entendu, cherchant à me rendre compte de ce qui m'était arrivé. L'essieu de mon landau brisé me l'expliqua bien vite, j'étais descendu par le fond de la voiture : j'étais sans blessures, c'était, j'en suis convaincu, à une médaille de Saint-Georges que je le devais ; mais je n'en avais pas moins dix kilomètres à faire, il était six heures du soir et je devais repartir d'Athènes à huit heures et demie pour aller à la fête que l'Amiral Caillard offrait à la société d'Athènes.

J'errais tristement sur la route pendant que mon cocher se désespérait, lorsque je vis une victoria, occupée par deux dames, qui venaient par un chemin latéral : j'allai à elles pour leur demander du secours ; c'étaient Madame et Mademoiselle de Cernowitz ! Le reste se devine, elles eurent la bonté de me recueillir dans leur voiture et, grâce à elles, j'ai pu aller à la fête de l'escadre française.

Toute la rade du Pyrée est éclairée par les illuminations des bâtiments, c'était un coup d'œil féerique. Le *Pothuau*, à tout seigneur tout honneur, avait une illumination plus brillante, les autres avaient aussi embrasé tous leurs mâts. Nous arrivâmes sur le port où étaient les baleinières et tous les bateaux de l'escadre éclairés par des lanternes vénitiennes; remorqués par des chaloupes à vapeur, nous fûmes tous embarqués sur ces esquifs si bien aménagés et quelques minutes après nous montions à bord du *Pothuau* sur une mer d'huile — comme on dit à Marseille. Toutes ces barques pavoisées et éclairées faisaient l'effet d'une immense farandole, quelque chose comme une lumineuse voie lactée sur le bleu sombre de la mer; nous ne pouvions trouver d'expression assez forte pour rendre notre admiration. Rien n'est beau comme une fête de nuit à bord, c'était la première fois que je voyais ce spectacle aussi complètement, j'avais souvent assisté à des matinées, jamais à une fête du soir donnée par toute une escadre.

Les invités arrivaient en foule, le tout Athènes était là, assis sur le tillac ou allant et venant sur le *Pothuau* éclairé comme en plein jour à la lumière électrique ; les uniformes, les habits noirs constellés de décorations, les femmes en toilette claire faisaient un effet ravissant sur lequel la musique de l'amiral jetait ses notes les plus gaies et les plus joyeuses, si gaies et si joyeuses que l'on a demandé à l'amiral de faire un tour de valse qui a achevé par un bal improvisé cette fête si bien commencée, si admirablement ordonnée. J'ai été présenté à tout le monde, j'ai vu tant d'hommes politiques, depuis Monsieur Théodoki, premier ministre, jusqu'à ce brave capitaine Lambro qui m'a fait l'honneur de me nommer à sa femme, que, pour n'oublier personne, je prends le moyen des poltrons, j'aime mieux n'en nommer aucune. Je fais une exception pour Monsieur Romanos, ministre des affaires étrangères, qui inaugurait ce soir-là sa décoration de grand officier de la Légion d'honneur et qui avait pensé ne pouvoir mieux prouver le prix qu'il y attachait qu'en la portant pour la première fois sur un bateau français, c'est-à-dire en France.

Salamine ! Que de souvenirs classiques me rappelle ce nom, que de noms de grands hommes venaient à mon appel quand je me suis embarqué sur un canot à vapeur du gouvernement grec, avec cet aimable capitaine Lambro dont la femme avait bien voulu me faire les honneurs de cette embarcation. Nous sommes arrivés, après une très courte navigation, dans les parages où se sont rencontrées les deux flottes ; nous avons tout visité, jusqu'au rocher où Xerxès avait fait établir son trône pour voir ses huit cents vaisseaux battre les quatre cents navires des Grecs. Dois-je dire que les plus grands vaisseaux des Perses et des Grecs n'avaient rien de comparable à nos cuirassés, pas même à nos croiseurs? il n'y aurait pas eu, dans le détroit de Salamine, place pour douze cents navires d'un fort tonnage ; c'étaient de petites trirèmes, peut-être quelques-unes étaient-elles pontées. Les armées n'avaient pas alors d'aussi grandes proportions qu'aujourd'hui. Tout cela n'est pas dit pour diminuer les mérites de Thémistocle qui sauva alors sa patrie comme il est dit dans Hérodote et dans l'inoubliable tragédie d'Eschyle « Les Perses » ; c'est un assez beau titre de gloire pour que nous nous inclinions avec respect devant cette grande figure.

Nous sommes allés de là dans l'île de Salamine où est l'arsenal de la Grèce, que nous avons visité en entier, et cette journée, pour laquelle je dois un souvenir spécial à M. Lambro, s'est terminée dans l'hôtel du directeur de l'arsenal, où Mme Lambro avait eu la bonté de faire préparer un lunch ravissant ; il est impossible d'avoir un cicerone plus aimable et plus compétent que le capitaine du port du Pirée.

Mais le temps que je pouvais consacrer à la Grèce avançait, je voulais aller jusqu'à Philœ (1), et il faisait déjà bien chaud à Athènes. Cependant je n'avais pu retourner à l'Acropole qu'en courant et je n'avais pas vu la promenade de Phalère qui est la promenade à la mode.

(1) Philœ, île au-dessus de la première cataracte du Nil.

Décidément, je suis un voyageur heureux, comme disent les dieux, mon chemin était marqué de pierres blanches. Madame T... m'a fait l'honneur de m'inviter à aller me promener en voiture avec elle. C'est une femme des plus élégantes qui donne le mieux l'impression d'une Italo-Parisienne, affinée par un long séjour en Grèce. Son salon est très fréquenté, elle en fait les honneurs avec une grâce parfaite, aidée par sa fille — une des beautés d'Athènes — que l'on prendrait pour sa sœur. Elle m'a conduit à Phalère, cela a été un véritable régal pour moi, sa conversation est des plus variées et des plus intéressantes, poésie, art, littérature, Paris dont elle parle comme si elle l'avait toujours habité, bref cette course a passé pour moi comme un songe.

Nous sommes allés au nouveau Phalère, la plage à la mode, la promenade où il est « chic » de se montrer, parait-il, le rendez-vous des théâtres de genre où les Athéniens viennent se distraire pendant la saison chaude. Il y a bon nombre d'années que les bains de mer de Phalère sont à la mode; du temps où le Parthénon était dans sa splendeur, Périclès y venait; Thémistocle y venait aussi, et l'un et l'autre, à des époques différentes, y rencontraient les courtisanes fameuses : c'est aujourd'hui le vieux Phalère, sa vogue est passée comme tout passe en ce monde, surtout ce qui est vieux; à un monde nouveau il fallait une plage nouvelle, c'est pour cela que le vieux

Phalère n'est plus qu'un souvenir, que le nouveau Phalère est à la mode.

A peine rentré à l'hôtel j'y trouve une invitation pour aller au théâtre le soir. C'est l'aimable comtesse X..., que j'avais connue à Nice, qui me l'envoie. Elle donne après le théâtre un souper de quatre-vingts couverts. J'ai revu toute la société d'Athènes, qui a été si accueillante pour moi, à cette représentation de *cavalleria-rusticana;* la salle très élégante et jolie, à la mode des salles italiennes, est bien ornée, et le théâtre d'Athènes est digne de cette grande ville. J'ai exprimé à chacun tout le regret que j'éprouvais à partir après-demain, et c'était bien sincèrement que je le disais, mais je ne pouvais faire autrement.

Ma dernière journée a été très occupée, je suis remonté à l'Acropole que je tenais à revoir une dernière fois. J'y suis allé le matin ; il me semblait que je ne l'avais pas vue. Le soleil levant, avant la chaleur de la journée, donnait un aspect tout autre à ces temples en ruines, je voyais mieux le contraste si frappant entre l'Athènes ancien et l'Athènes moderne, entre les souvenirs du passé et le temps présent, avec tous les perfectionnements et tous les raffinements du vingtième siècle. En descendant, je vais au temple de Thésée, qui a l'air d'avoir été fait hier tant il est bien conservé, et il a deux mille cinq cents ans ! Isolé sur un tertre et vu de l'Acropole, il semble énorme, et on est tout étonné, en s'approchant, de le voir si petit. Quel art merveilleux avaient les anciens! Comment ont-ils pu créer de toutes pièces ces monuments en marbre, ces murs de six mètres de largeur, ces colonnes immenses, sans avoir les moyens que nous connaissons aujourd'hui? Mystère! Que de vies humaines ont dû être sacrifiées! Que de temps il a dû leur falloir!

Mais je ne devais pas oublier, dans ce voyage où tout était mélangé, les amitiés anciennes avec les relations nouvelles, les plaisirs mondains avec les jouissances artistiques, que je voulais me rendre compte de l'état du protectorat français. Pour en parler avec une certaine autorité, il fallait voir au moins les principaux établissements, je ne pouvais pas aller partout, mais pour pouvoir appliquer la règle « *ab uno disce omnes* », il fallait aller partout où mon temps et mes forces me le permettraient: je suis donc retourné au Pirée où l'archevêque m'avait signalé deux écoles, l'une dirigée par les frères Oblats, l'autre par les sœurs de Saint-Joseph. Dans l'une et l'autre j'ai trouvé les mêmes avantages que ceux que j'avais remarqués à Athènes: elles m'ont suggéré des réflexions identiques.

J'ai encore eu la très grande chance de faire une course en voiture avec Madame Z... et sa mère. Il n'est pas possible d'être meilleur pour un voyageur que ces dames l'ont été pour moi.

— Il est très difficile, comme me le disait madame Z... de montrer toujours du nouveau à quelqu'un qui a vu à peu près tout ce que nous avons aux portes d'Athènes ; je vais essayer cependant, je vais vous conduire à la *Tour de la Reine*. Connaissez-vous ce château ?

— Partout où vous me conduirez, je serai très heureux d'aller.

— A la Tour de la Reine alors !

A peine sorti de la ville, nous suivions une route très bien entretenue, comme toutes celles que j'ai vues aux environs d'Athènes, et pendant que notre voiture filait dans la plaine assez fertile qui est à l'ouest de la ville, voici le résumé de la très suggestive conversation de Madame Z..., à propos de la *Tour de la Reine*.

Lorsque la Grèce fut délivrée du joug des Turcs, grâce à l'aide de la France et de son intervention armée, en 1828, le fils du roi de Bavière, Othon, fut élu roi des Grecs par une assemblée nationale ; il épousa en 1838 une princesse d'Oldenbourg, la reine Amélie. Athènes venait d'être choisie comme capitale (1834), elle ne comptait pas trois cents maisons et le souverain ne savait où loger sa jeune femme. C'est alors que cet horrible palais royal fut bâti ; mais rester toujours dans la poussière d'Athènes, était au-dessus des forces de la Reine ; elle chercha à se créer une propriété qui, sans être loin de la capitale, aurait au moins l'avantage de lui permettre d'en sortir ; c'est alors qu'elle vint ici et y créa le château (?), planta tous les arbres qui forment le parc, fit élever sept monticules qui représentent les sept collines de la ville romaine, et fit construire une tour assez élevée d'où l'on a une très belle vue. Lorsque tout fut construit, lorsque tout fut terminé, le règne d'Othon avait pris fin ; on lui fit comprendre par des émeutes que l'on avait assez de lui, et l'on s'adressa à la grande pépinière des souverains de l'Europe, à la famille royale de Danemark : c'est comme cela que Georges Ier est devenu roi de Grèce. Il n'avait pas les mêmes goûts que son prédécesseur ; au lieu d'une maison aux portes d'Athènes, il en avait désiré une dans la montagne, au lieu de la *Tour de la Reine* ce fut *Taloï* qu'il choisit. La Reine Amélie ne put garder cette propriété ; après la déposition du roi, son mari, elle la vendit.

Madame Z... m'a présenté à son beau-frère, le propriétaire actuel de la villa de la Reine, qui me permet d'être très curieux, de visiter les pièces qu'ils ont conservées en souvenir de la Reine Amélie, et surtout de faire l'ascension du donjon dont elle avait surmonté son château. De cette tour, qui a donné son nom à la propriété tout entière, on voit toutes les montagnes entourant la grande plaine de l'Attique — qui est bien petite — ; elles ont toutes un nom fameux dans l'histoire de l'antiquité, le mont Hymette, le mont Pentilique, le mont Parnasse, le mont Ægaléos au milieu desquels serpentent les diverses branches du Cephise et de l'Illissos. Plus près de nous, au nord de l'Acropole, la nouvelle ville ; de loin elle n'a pas de caractère, on cherche vainement les traces de la domination turque ; les sites verdoyants des jardins et du parc royal, plus haut l'Acropole dominant toute la ville de sa splendeur, couronnée par le Parthénon ; dans le lointain, la mer qui montre son immensité comme fin de ce demi-cercle dans lequel sont contenus tant de gloires et tant de souvenirs.

Je me suis mieux rendu compte de la topographie d'Athènes, du haut de la tour de la Reine, que je ne m'en étais rendu compte dans les diverses courses que j'avais effectuées. Je remerciai bien sincèrement son heureux propriétaire d'avoir eu l'obligeance de me la montrer et Madame Z. de m'avoir procuré l'occasion de la voir.

Je prends congé de mes amis d'Ormesson qui m'ont reçu, je ne saurais trop le répéter, d'une inoubliable façon, ils m'ont témoigné une amitié qui, sans m'étonner, — je les connaissais trop pour cela — m'a profondément touché, et encore d'Ormesson a mis le sceau à ses témoignages d'affection, en venant au Pirée m'accompagner au bateau qui devait me conduire en Egypte.

CHAPITRE IV

ALEXANDRIE

Voyage. — Le Consul. — Chez une dame. — Le collège Sainte-Catherine. — Le collège des Jésuites. — Conversation avec un Levantin.

Le jeudi 14 mars j'ai quitté le Pirée pour Alexandrie, sur un bateau de la compagnie khédiviale ; j'étais venu à bord sur une chaloupe à vapeur du stationnaire " *le Vautour* ", mise par le commandant à la disposition du ministre de France. Il est très surprenant de voir comme en tout pays on vous estime pour ce que l'on parait être ; je dis cela à propos de la façon dont m'a reçu le commandant du paquebot.

Mon premier soin a été de faire une revue rapide de ceux avec qui j'allais passer trente-six heures dans cette intimité forcée qui s'appelle une traversée. C'est vite fait, il n'y a presque personne à bord, une famille Russe, deux jeunes filles à l'air assez déluré, une famille Anglaise et une Américaine ; puis je vais voir les malheureux passagers du pont. Là, par exemple, il y a foule, nous sommes au moment du pèlerinage de la Mecque ; ces mahométans, ces Arabes sont une race à part. Installés sur leurs tapis qui les suivent partout, assis sur leurs talons, ils restent immobiles à fumer pendant toute la traversée, à regarder la mer sans la voir, ou du moins sans en avoir l'air. Ils font leur cuisine, et le pont des premières est infecté de l'odeur de graisse de mouton, qui va me poursuivre pendant des mois, et que je retrouverai jusqu'à Constantinople. Je fuis à l'autre bout du pont, je contemple la mer pendant de longues heures ; la mer, qui sous le soleil de l'Orient a des teintes toutes particulières, elle est tour à tour blanche, bleue, violette, rouge, semblable à un vaste arc-en-ciel sous les rayons d'un magnifique coucher de soleil : on dirait un disque immense qui va se noyer au loin. Nous devinons, plutôt que nous les voyons, quelques-unes des petites Cyclades, puis, comme dans tout l'Orient, sans passer par le crépuscule, la nuit vient vite dérouler ses débauches d'étoiles à nos yeux ravis.

Au matin nous sommes à hauteur de la Crète, où la Compagnie khédiviale ne fait pas escale ; j'aurais préféré la Compagnie russe, mais elle ne part du Pirée que huit jours plus tard, pour moi c'était trop. J'aurais été heureux de m'arrêter, ne fût-ce que quelques heures, dans cette Ile fameuse dans le passé et dans le présent.

Dans le passé, nous y retrouvons les principaux Dieux de l'antiquité, Jupiter, Kronos, Amon,

Europe, Minos, qui ont été les principaux personnages de la comédie magnifique avec laquelle mon enfance a été bercée ; j'aurais voulu voir le Mont Ida (1) — qui a perdu jusqu'à son nom — l'antre de Zeus et le fameux labyrinthe, vaste carrière d'où l'on a tiré beaucoup de pierres et où, je crois, le Minotaure n'est jamais allé, — s'il y a eu un Minotaure.

Dans le présent, le nom de la Crète a été assez souvent répété par tous, par les diplomates et tous les journaux, pour que chacun sache que l'Europe monte la garde à la Canée, dans la baie de la Sude, pour préparer l'évolution dernière de la Crète, qu'elle va faire passer de la suzeraineté de la Porte Ottomane sous l'autorité des Grecs ; mais quand le problème sera-t-il résolu ? Là est la question dont le prince Georges de Grèce, haut commissaire, n'a pu trouver encore la solution. La cherche-t-il avec une grande ardeur ?

Depuis longtemps la Crète est loin ; je passe mon temps à lire et à causer avec le commandant, un Anglais, très gentlemann, qui m'apprend que l'Angleterre, toujours pratique, a absorbé la « Compagnie Khédiviale » dont les bateaux naviguent maintenant sous pavillon anglais, pour éviter au Vice-Roi des tracas et des ennuis. Mais tous

(1) Psiloriti, autrefois Mont Ida, grand massif montagneux de 2500 mètres d'élévation.

les actionnaires sont Egyptiens... les Anglais ne sont que fermiers. Les premiers payent, les autres jouissent, et s'il y avait une guerre ou une difficulté quelconque, le Vice-Roi serait privé de ses transports à grande vitesse. Ce n'est que le début : j'en verrai bien d'autres.

Je suis en Egypte : le bateau stoppe et manœuvre pour entrer dans le port, dès que nous aurons vu la Santé. Je trouve une très grande différence entre les côtes égyptiennes et celles que j'ai vues jusqu'à présent : elles sont complètement plates, de sorte que l'on ne voit pas à l'œil où finit la terre et où commence la mer. Le débarquement m'est facilité par mes nombreux séjours en Algérie : je trouve que les fellahs et les portefaix font un affreux tapage ; mais, contrairement à l'opinion de Xavier Charmes, avec quelques coups de canne j'en ai bientôt raison ; j'ai traversé assez facilement le bâtiment de la douane et je suis arrivé à l'Hôtel Abbat.

Comme ce sera mon système dans toutes les villes où j'arrive, je sors tout seul sans drogmann après m'être bien rendu compte, sur le plan, de la disposition de la ville, et avoir pris mes points de repère. La première chose qui me frappe est l'influence anglaise, qui saute aux yeux. Tout le monde parle français dans tous les magasins ; mais les garçons de café, les cochers, les maitres d'hôtel commencent toujours par vous parler anglais ; ils sont soumis à la police, qui est anglaise comme tout ce qui touche au gouvernement. Depuis qu'ils sont en Egypte, les Anglais n'ont pas perdu leur temps, ils usent et abusent de nos fautes.

Il y a aujourd'hui à Alexandrie deux villes distinctes : la ville européenne et la ville indigène, l'une bien alignée, propre, ayant tout à fait l'apparence d'une ville moderne ; l'autre sale, composée de masures, dans laquelle grouille cette population dont j'avais vu un échantillon lors de mon débarquement. La police est très bien faite : il faut rendre justice aux Anglais.

Je vais au Consulat Général de France : j'y suis reçu par Monsieur et Madame Girard : on ne peut pas se mettre plus aimablement à la disposition d'un Français qu'ils se sont mis à la mienne, me donnant tous les renseignements que je pouvais désirer. Ils m'ont paru très bons patriotes, d'un patriotisme éclairé, convenant très justement du concours dévoué et très français que leur apportent les ordres religieux se souvenant qu'ils doivent être patriotes avant tout ; quoique je ne passe que deux jours à Alexandrie, je les reverrai puisqu'ils m'ont invité pour le lendemain.

De là, continuant mon enquête, je suis allé chez M. Poilay-bey; il était absent; mais, recommandé par un de leurs amis, Ardouin-bey, ancien inspecteur général du service maritime d'Egypte, sa femme a bien voulu me recevoir ; c'est à elle que je dois des lettres d'introduction pour le collège des Jésuites d'Alexandrie et du Caire : c'est une protestante, c'est elle qui me l'a dit. Mais elle est Française et vraiment Française ; elle m'a dit toutes ses rancœurs contre la politique de fous que nous suivons en Orient. Elle m'a raconté l'arrivée des Anglais en Égypte ; les deux flottes, côte à côte, décidées à agir de concert, l'amiral anglais faisant demander à l'amiral français s'il pouvait et voulait débarquer, la population anxieuse, désireuse de voir débarquer les Français. Tout à coup on vit s'éloigner notre flotte, les couleurs de notre drapeau s'estompèrent à l'horizon, le ministre avait envoyé l'ordre... d'abandonner l'Egypte aux Anglais. Ce qui ne peut se rendre, c'est l'émotion de cette femme faisant ce récit et la mienne en l'entendant. Je pris congé en regrettant très sincèrement que la rapidité de mon voyage ne me permit pas de la revoir.

Au collège Ste-Catherine, dirigé par les frères, j'ai vu une organisation et une instruction comme savent seuls la donner ces admirables éducateurs du peuple, car il n'y a qu'eux sur toute la surface du globe. Tout le monde reconnait la supériorité de cette instruction qui sait se mettre à la portée de toutes les intelligences, comme les maîtres savent se mettre au niveau de toutes les classes sociales. J'ai appris, dans cette visite, bien des choses ; j'en ai toujours appris du reste dans toutes les visites que j'ai faites ; est-ce parce que je savais bien peu de chose ? est-ce parce qu'il y en a tant à apprendre qu'une vie est toujours trop courte? Quoi qu'il en soit, il me revient à l'esprit une anecdote que je veux écrire.

Dans un château, situé sur l'un des plus grands fleuves de l'Europe, se trouvait une dame accompagnée d'une nourrice qu'elle avait depuis peu de temps.

« Nounou, lui dit-elle, quelle chemise rude et grossière vous avez. Je ne savais pas qu'on pût en porter de pareilles. »

« Mon Dieu, Madame, on ferait un bien gros livre de tout ce que vous ne connaissez pas. »

Le bon frère qui me faisait visiter, eut peut-être une impression semblable, mais il eut la politesse de ne pas me la communiquer. Il me dit qu'il avait le droit de préparer les enfants au baccalauréat moderne pour lequel, comme du reste pour le baccalauréat ès-sciences et ès-lettres, des professeurs, choisis par le consul, forment avec lui un jury d'examen, qui a le pouvoir de conférer ces grades. Il m'apprend encore que dans toutes les écoles religieuses d'Egypte, Musulmans, Schismatiques, Protestants, Israélites étaient admis, et, comme le disait un préfet du collège des Jésuites : « L'enfant qui nous est confié, quelle que soit sa croyance, a droit à nos soins, à notre respect, à notre affection. Comme les autres, il viendra s'associer au pain quotidien de l'intelligence et nul ne l'inquiètera dans la foi intérieure de sa conscience (1). » Voilà la véritable neutralité dans l'école !

Les Jésuites ont à Alexandrie un collège que l'habile direction du P. Cotet avait rendu très prospère : il a été envoyé au Caire où je le retrouvai ; mais il me semble que le P. Guitton, son successeur, n'ait rien fait perdre au magnifique établissement à la tête duquel il est placé depuis peu. J'ai rarement vu un collège organisé comme celui-là : un parc immense où jouent les élèves, des classes spacieuses, des collections très complètes et, par dessus tout, l'air heureux des enfants qui m'a prouvé que, comme leurs parents, ils apprécient leurs maîtres, et, régnant sur le tout, cette discipline fameuse autant par sa bonté que par son énergie, qui a fait partout le succès des écoles des Jésuites. Pendant que le P. Guitton m'accompagnait, m'expliquait le mécanisme des baccalauréats, que nous nous étonnions tous les deux de cette singularité du gouvernement qui protège les Jésuites en Egypte à l'heure même où il demande leur expulsion en France, les élèves sont sortis des classes. Je le voyais, au passage, dire quelques mots à certains enfants, je lui demandais quels étaient ces élèves qui venaient à lui avec tant de joie et d'empressement, et sa

(1) Discours prononcé par le Père Poujols, recteur du collège des Jésuites, le 22 août 1888.

réponse était toujours la même : « Ce sont des petits Juifs, Mahométans, Grecs, c'est le fils de M. Poillay-bey, un petit protestant.

J'entends déjà se récrier les hommes qui se laissent entraîner à ne pas vouloir de liberté pour les autres, et qui disent que les Jésuites font un mauvais usage de celle qui leur est assurée sur la terre d'Egypte !

« Ils veulent les convertir et c'est pour cela qu'ils les soignent davantage », disent-ils. Erreur profonde ; de conversion ils n'en font pas dans leurs écoles ; leurs collèges tomberaient tout de suite. Ils ne peuvent réussir qu'en assurant à chacun une grande indépendance et ce respect de la conscience, cette neutralité véritable dont la façon d'être des élèves vis-à-vis de leurs professeurs et des professeurs vis-à-vis des élèves était une nouvelle preuve. Je me laisse entraîner à parler du collège St-François Xavier, comme je me suis laissé entraîner le jour où je suis allé le visiter. Je ne pouvais pas m'arracher à la contemplation de cette œuvre si Française, car c'est le point de vue auquel je me plaçais, et auquel je me place uniquement, qui me faisait penser que j'étais en France : j'entendais parler sa langue, je voyais ses coutumes et les Pères me parlaient de la mère patrie avec une affection et un patriotisme auxquels je suis forcé de rendre hommage. Voilà l'impression première que m'ont faite les écoles religieuses en Egypte.

Dans le déjeuner très intime et d'autant plus agréable que j'ai fait chez Madame Girard, j'ai beaucoup causé, et causé de bien des choses avec le Consul Général qui a une grande expérience qu'il met à ma disposition. Il est depuis quatorze ans en Palestine ou en Egypte ; il m'offre un mot de recommandation pour le Consul de Jérusalem son successeur. Il me parle de ce qui reste en Egypte du protectorat français depuis 1884, et me dit de quelle aide lui sont les ordres religieux ; il insiste sur leur influence bienfaisante sur les populations ; il me fait remarquer, enfin, que dans la haute Egypte, que je verrai dans quelques jours, la protection française cesse dans le Soudan, pour faire place à la protection autrichienne, que cela aura pour conséquence de me faire trouver très peu de chose sur le protectorat Français dans la haute Egypte : je serai plus libre pour voir les merveilles qu'elle renferme au point de vue de l'art. — Il n'y a pas lieu d'en rechercher la cause très ancienne, on la trouverait sans doute dans un des nombreux bouleversements que la France a subis, et pendant lesquels elle a été si occupée à l'intérieur qu'elle n'a pu songer à défendre ce qui constituait une partie de son domaine à l'extérieur. Toujours la même chose !

Cette conversation s'est prolongée tellement, que moi, qui n'avais pas grand temps à passer à Alexandrie, j'ai dû mettre les morceaux doubles, pour voir tout ce que je voulais. J'ai pris une voiture qui m'a conduit au port, très inégalement occupé, je suis passé au palais de Ras-el-tin appartenant au Vice-Roi. Il ne mériterait pas une visite, si ce n'était la vue admirable que l'on a des vastes ports, remplis des navires du monde entier; puis la colonne de *Pompée* m'a arrêté quelque temps : on y fait des fouilles très curieuses, qui enrichissent le musée d'Alexandrie, qu'il faut surtout étudier au point de vue des antiquités Egyptiennes, Grecques et Romaines, mais beaucoup moins curieux que celui de Gizeh même pour les profanes comme moi.

Avant de prendre le chemin de fer pour le Caire, je me suis rendu aux écoles si intéressantes des sœurs de charité, qui font pour les filles ce que font les frères pour les garçons. De là, j'ai visité le canal Mahmoudié, émaillé des villas de la colonie étrangère.

D'Alexandrie au Caire, le chemin de fer traverse le canal Mahmoudié, longe le lac Mariout, rendu à la mer par les Anglais naturellement, après avoir été l'un des coins les plus fertiles de l'Egypte. On traverse les champs de coton qui alimentent les fabriques d'épinage, et forment avec les céréales le principal produit du Delta ; il ne faut pas oublier les oranges rouges, la chaleur commence à être assez forte pour nous en faire souvenir.

Au moment où le train se mettait en marche, j'ai vu arriver dans mon compartiment un homme de cinquante ans environ, que j'ai reconnu pour être du pays, quoiqu'il portât tout à fait le costume européen, y compris la coiffure. Il était accompagné de sa femme et de sa fille qui avaient toutes deux le type levantin très accentué : la femme par l'ampleur de ses formes, la fille, qui pouvait avoir dix-huit ans, par ses yeux magnifiques, la matité de son teint, la couleur de ses cheveux. Après m'être rendu compte de la position du chemin de fer, m'être un peu orienté, je fais quelques questions à mon Levantin ; sa fille me répond et me dit : « qu'il ne sait aucune langue européenne ; il n'a pas été élevé en Egypte, il n'a pas comme elle le bonheur d'avoir fait son éducation dans une école Française, où on apprend notre langue, et, ajoute-t-elle, à aimer notre pays ».

Tout cela venait autant du père que de la fille — il lui parlait continuellement ; la mère seule ne disait rien et n'avait pas l'air d'en penser davantage. Quand j'ai pu juger que j'avais affaire à des gens aussi bien disposés, je leur demande une foule de renseignements sur la culture du delta, du coton en particulier, que la fille, qui m'a paru fort intelligente, m'a fournis avec le concours de son père. Je lui demande quelles écoles françaises il y a à Mansoura, d'où elle est, si le français y est parlé ? Toutes questions auxquelles elle répond affirmativement. Son père lui a alors parlé pendant longtemps, lui a expliqué quelque chose, a pris une carte dans son portefeuille, et la lui a tendue, puis elle me dit : « Monsieur, mon père vous prie de vouloir bien accepter sa carte et de lui donner la vôtre en échange ; il voudrait conserver un souvenir de sa rencontre avec un Français » — et elle ajoute des choses que ma modestie bien connue ne me permet pas de répéter. Tout le temps qu'elle me parlait le brave Saab (c'était son nom), me faisait tous les gestes imaginables, sa tête s'inclinait, il y portait la main, — ce qui est une manière de saluer, — il la mettait sur son cœur; je m'inclinais de mon côté, de sorte que nous avions l'air de deux magots chinois. Après un temps assez long de ce manège, qui aurait eu la chance de paraître plutôt drôle à mes amis du boulevard, mais qui, je vous assure, ne me causait qu'une émotion patriotique très accentuée, il me fit demander à brûle-pourpoint :

« Ah, expliquez-moi, Monsieur, pourquoi les « Français abandonnent l'Egypte ; tous leurs « souvenirs et toutes leurs gloires, ils ont voulu « perdre l'Egypte pour la donner aux Anglais (sa « fille ne pouvait pas arriver à traduire), ils veulent « maintenant abandonner la religion, qui est, par « le patriotisme des religieux, la principale base « de l'influence française qui est grande encore « malgré tout. A Mansoûra, ils laissent vendre la « maison qui a servi de prison à St-Louis — « qu'ils pourraient conserver pour si peu d'argent. « Maintenant ils font une loi contre les associa- « tions, qui aura pour conséquence de détruire

« tous les ordres religieux. Vous voyez que j'ai « bien raison de vous demander : pourquoi les « Français nous abandonnent-ils ? »

Je suis un peu gêné par ce flux de questions. Quand on attaque la France à l'étranger, je suis toujours d'avis de prendre parti pour le gouvernement dont je déplore et combats les actes ; je mets une sorte de patriotisme à m'identifier avec ce pays que l'on attaque, à faire tête à l'ennemi ; sauf à régler nos comptes plus tard comme je le pourrai. C'est la théorie qui veut que l'on lave son linge sale en famille.

Que fallait-il faire, que fallait-il dire avec un Levantin, un homme qui a une double nationalité, si je puis ainsi dire ? Il est sujet Turc, mais il est protégé Français comme catholique, et il me demandait si cette protection devait cesser, parce que comme catholique il ne croit plus au protectorat de la France si elle persécute la religion. Je me suis tiré d'affaire par un moyen terme, je lui ai parlé de la France, de ses sentiments, de son intention bien arrêtée de ne pas abandonner ses traditions glorieuses en Orient. Je lui ai répondu avec le sens des instructions de M. Constant, que je veux croire sincères ; je lui ai expliqué qu'alors même que cette loi sur les associations serait votée, on disait bien haut ne pas vouloir l'appliquer en Orient — Dieu veuille que ce soit vrai !

Passant à l'occupation de l'Egypte par les Anglais, je lui ai réédité un des discours de notre ministre des affaires étrangères répondant à la question indiscrète d'un député: je lui ai dit que comme les Anglais l'avaient promis, ils partiraient .... un jour. Qu'il fallait espérer ! ! quoi ?

Si je raconte ces faits, ce n'est pas pour le plaisir de dire au lecteur quels avaient été mes ennuis pendant cette conversation, ni pour le mettre à même d'admirer la façon dont je m'en suis tiré — s'il en avait par hasard la tentation. Mon but est tout autre, j'ai cherché uniquement, par la démonstration de l'état d'esprit des Levantins, à faire bien comprendre quel danger court la France. Je ne veux pas fatiguer le lecteur, sans cela je pourrais lui rapporter bien des conversations analogues.

Les employés du chemin de fer crient " Tantah ! Tantah ! " C'est là que descend la famille Saab : le père me fait inviter par sa fille à aller le voir à Mansoùra ; il a le grand désir de me montrer la maison de Saint-Louis ; après une dernière poignée de main, ils partent. Je ne reverrai probablement jamais ce brave Levantin.

CHAPITRE V

LE CAIRE

Hôtel continental. — La foule à l'Ezbekie. — Le musée de Gizeh. — Le ministre de France. — Le Mouski.

Arrivé au Caire juste à temps pour dîner avec Daninos Pacha qui avait eu la bonté de m'attendre, je n'avais pas eu le loisir de voir les nombreux étrangers qui peuplent l'Hôtel continental. Cependant j'en connaissais plusieurs, le comte et la comtesse de X..., mon vieil ami d'A..., dont la mort récente et tout à fait imprévue vient attrister ma mémoire : c'était un si bon compagnon, si serviable, si spirituel, je ne peux pas me faire à l'idée qu'il ait passé le premier dans ce dernier voyage pour lequel il y a tant d'inconnu !

L'Hôtel continental où j'étais descendu est un des premiers du Caire, dans ce moment il y a beaucoup de voyageurs ; c'est une chose très curieuse que l'entrée dans un de ces grands caravansérails ; en vous voyant chacun se regarde, se demande quel est ce nouveau venu, fait des suppositions sur ce qu'il est, cherche qui il va fréquenter. Daninos, qui avait eu l'obligeance de retenir mes appartements, les amis que j'avais là m'ont évité cette sensation de solitude au milieu de la foule, la plus désagréable de toutes. De S... et sa femme m'ont reçu avec plaisir et nous avons fait un petit groupe auquel se sont joints leurs amis et les miens. Tout de suite j'ai discuté avec eux le meilleur moyen de remonter le Nil jusqu'à la première cataracte, la chaleur était si grande qu'il n'y avait pas un instant à perdre. Sur le conseil de Daninos Pacha, je me suis décidé à partir en chemin de fer, à aller par cette voie jusqu'à la première cataracte et à revenir par le bateau-poste au Caire.

Daninos m'avait dit qu'il me conduirait au musée de Gizeh afin de m'initier aux beautés archéologiques, dont il est l'un des plus fervents adeptes. J'avais lu son livre sur les tombeaux égyptiens, et il m'avait, malgré mon ignorance, fortement intéressé. J'étais curieux de le voir dans ce musée qu'il a classé avec Mariette Bey, au milieu de tous ces trésors dont il a contribué à l'enrichir. Nous sommes allés par une matinée splendide, dans la voiture du Pacha, au palais de Gizeh, ancienne résidence des sultans mamelucks où est établi provisoirement le musée, en attendant la fin de la construction spéciale au Caire même.

Nous sommes partis de l'Ezbekye, magnifique jardin situé en face de l'Hôtel continental et donnant du jour et de la lumière dans tout le quartier d'Ismaïlia qui s'étend jusqu'au Nil. Ce quartier fut construit par le Khédive Ismaïl pour satisfaire sa manie de bâtir ; il est composé d'hôtels, de villas magnifiques, des consulats, semé de grands jardins. C'est tout à fait l'un des beaux quartiers d'une ville européenne très moderne ; nous avons ensuite traversé le pont du Nil de quatre cents mètres de longueur, pris la route de Gizeh qui se dirige vers le palais du même nom, où est situé momentanément le musée.

Je ne pouvais m'habituer à la fourmilière humaine que j'avais sous les yeux, habillée de costumes divers et surtout au bruit qu'elle faisait. La foule allait et venait, vêtue de cent façons différentes ; les paysannes avec leurs sarraus bleus, un mouchoir sur la tête, toujours voilées, portant parfois des enfants, non sur leurs bras, mais sur la hanche ou sur l'épaule. Les dames appartenant aux classes aisées, toujours très simples dans la rue, enveloppées dans des étoffes foncées, voilées d'une bande de soie noire ; les grandes dames enfin, accompagnées de leurs eunuques, passant en coupé, précédées de leurs says, ou coureurs, qui vont devant les voitures armés de leurs longues cannes, pour leur faire faire place. Elles ont la partie antérieure du visage, jusqu'aux yeux, couverte d'étoffe blanche très claire qui ne les empêche ni de voir ni surtout d'être vues.

Les fellahs, qui travaillent aux champs presque nus, et ne mettent, que pour venir en ville, une chemise indigo, un large manteau et un tarbouch autour duquel ils nouent une pièce d'étoffe blanche en forme de turban ; les Coptes se distinguent par leurs vêtements plus sombres et par leurs turbans noirs ou bleus. Les Bedouins se font remarquer par leur attitude fière et leur visage énergique. Les citadins Arabes, enfin, se divisent en deux catégories : les plus pauvres ont un paletot européen qui a généralement perdu toute couleur, une chemise et une culotte blanche, quelquefois des bottines européennes, le plus souvent des souliers pointus en cuir jaune ou rouge ; ceux qui sont plus aisés sont vêtus complètement à l'Européenne ; mais les uns et les autres portent toujours le tarbouch, coiffure nationale, qui les fait ressembler à des bouteilles de vin cachetées de cire rouge.

Puis ce sont les porteurs d'eau ; les Hemely vendant de l'eau additionnée de citron, de fleurs d'oranger, de réglisse ou de raisins secs, et appelant le client ; les colporteurs criant des légumes, des fruits ou des sucreries ; des gargottes ambulantes débitant des boules de viande rôtie, et le fellah assis d'un côté de la route prenant son repas. Voici des barbiers indigènes qui rasent dans leurs boutiques ouvertes, etc., etc. Tout ce monde crie sa marchandise et se bouscule. Les uniformes anglais représentant les pays les plus éloignés et les plus divers, depuis le Highlander jusqu'au Scothmen en passant par les Cipayes ; les uniformes rouges et les uniformes écossais.

Au milieu de toutes ces populations diverses si étrangement bariolées se promènent les touristes de tous les pays, des femmes de toutes les latitudes ; et pour compléter cette cacophonie, les cochers et les conducteurs d'omnibus qui parlent continuellement à leurs chevaux et à tous ceux qu'ils voient et rencontrent : « Monsieur, prends garde à ton pied, à ton flanc gauche, à ton flanc droit ! O jeune fille, à toi ; à ton dos Madame ! » ils ne cessent d'interpeller les uns que pour s'adresser aux autres.

Voilà le tableau du Caire pris de l'Ezbekye ; et encore je ne parle pas des mendiants qui, presque tous aveugles, cherchent à vous attendrir au nom de Mahomet, et qui sont, par leur insistance, « la onzième plaie d'Egypte ».

Le musée de Gizeh est le plus important au point de vue des antiquités ; ici la plus grande partie du produit des fouilles n'a pas été enlevée comme en Grèce, maintenant tout appartient au gouvernement Egyptien, même les produits des fouilles faites par des particuliers. Daninos est un guide merveilleux, et sa compétence spéciale trouve, comme on le pense, à s'exercer dans ce musée qu'il me fait admirablement visiter, parce qu'il me le fait visiter avec fruit et intelligence, sans avoir la pensée qu'un ignorant comme moi doit tout voir et s'arrêter devant chaque débris.

Un monsieur et sa femme nous suivaient depuis

notre entrée à Gizeh,et avaient l'air de vouloir profiter des intéressantes explications de Daninos ; nous fîmes tout pour les éviter ; ils s'en aperçurent très bien, et prenant, comme l'on dit,le taureau par les cornes, ils nous tendirent leurs cartes. Sur le vu de leur nom, le Pacha leur déclara que si sa conférence pouvait les intéresser il en serait très heureux, et voilà comment nous avons visité le musée avec de très aimables Russes. Je dirai ce que j'ai remarqué ; au lecteur de se guider avec *Bœdecker* les *Notes for travellers in Egypt*, ou par les ouvrages de Mariette et de Maspero, ou le guide du musée, ou mieux encore s'il a la chance d'avoir Daninos pour ami.

Parmi les statues, il y en a de magnifiques, très bien conservées, qui donnent une haute idée de la statuaire dans ce temps-là ; ce qu'elles ont d'étonnant surtout ce sont leurs yeux qui, au lieu d'être morts comme dans la statuaire actuelle, ont l'air vivants, par le quartz de différentes couleurs avec lequel ils sont faits.Puis les momies en assez grand nombre qui ont été trouvées soit dans les immenses pyramides, qui ne sont autre chose que des tombeaux, soit dans les fouilles de la haute Egypte ; il y a des momies qui sont la représentation exacte du souvenir qu'on a gardé d'elles par le rôle qu'elles ont joué dans l'histoire.

Nous arrivons à ce qui m'a le plus frappé, à un double point de vue : au point de vue du travail et au point de vue de la civilisation :

je veux parler des petits objets exposés dans cinq ou six vitrines et dans quelques armoires qui contiennent des bijoux, des ustensiles de ménage et des armes Ces bijoux datent de l'an 2000 avant Jésus-Christ, ils ont été trouvés dans des tombeaux de rois ou de princesses qui ont une date fixe par des inscriptions, des papyrus et autres documents dans lesquels les égyptologues sont arrivés à se reconnaitre. Je me souviens que le Pacha m'a traduit ces inscriptions avec une facilité merveilleuse.

Il y a surtout des mosaïques en cornaline, turquoise et lapis-lazulli qui sont tout simplement admirables. Quand on les voit à l'œil nu, on ne peut pas croire que ce soient des mosaïques, l'on songe à quelque surprenant émail et ce n'est qu'avec l'aide de la loupe que l'on peut constater ce magnifique travail. Il parait que les femmes avaient déjà l'habitude de ces étuis à fard, de ces boites de poudre de riz qui sont encore comme on les fait maintenant, incrustées de pierres précieuses ; oui, Mesdames, vous n'avez rien inventé, nous non plus du reste, les Chinois, les Egyptiens et les Romains nous le prouvent tous les jours. On a trouvé des bijoux anciens en grande quantité ; certaines femmes sous le Directoire portaient des cercles en or, aux oreilles, aux chevilles et aux bras : ce n'était qu'une reconstitution de ces bijoux connus depuis longtemps. Cela me rappelle une anecdote assez curieuse.

Ismaïl, le vice-roi d'Egypte le plus prodigue, eut, au moment de l'ouverture du canal de Suez, à recevoir l'impératrice Eugénie et des représentants de tous les souverains de l'Europe ; il fit des folies, — même pour un Khédive — et il fit donner entre autre un opéra inédit, *Aïda*, si je ne me trompe, dans une salle de spectacle qu'il fit bâtir exprès, dans le quartier Ismaïlia. Pour que la couleur locale fût bien complète, il fit prendre des bijoux datant de quinze cents ans avant J.-C. trouvés à Thèbes en 1860, les fit copier par des joailliers qui travaillèrent dans un palais spécial qu'il leur avait abandonné : c'étaient des bracelets à double charnière ; des chaînes tressées en or ; des colliers formés de rosaces d'or avec pierres et incrustations de couleurs variées ; des miroirs en ébène ; des armelets, etc. L'exactitude de mise en scène était complète ou je ne m'y connais pas. Moralité : La dette Egyptienne monta à *cent millions de livres Turques* et l'Europe exigea la déposition du pauvre Ismaïl.

Il fait un kamsi horrible, (pour ceux qui ne sont pas allés au Caire, je dirai que c'est le vent du désert appelé siroco en Algérie) et c'est une des sensations les plus désagréables que l'on puisse éprouver, que d'être obligé de faire quoi que ce soit avec un pareil temps. Aussi me suis-je fait conduire en voiture à la légation de France, je désirais voir notre ministre pour lequel D'Ormesson m'avait donné une lettre très pressante. M. Cogordan est un fin lettré, un homme du monde, ce qui ne gâte rien ; il est depuis pas mal de temps en Egypte, il en connait donc le fort et le faible ; grâce à la lettre de D'Ormesson, la conversation fut avec lui très instructive et charmante. Il me dit que j'aurais bien chaud dans la haute Egypte, et que je n'avais pas une heure à perdre. Il approuva beaucoup le système de voyage que j'avais adopté, ajoutant que les bateaux Coock étaient un peu monotones, — opinion corroborée par celle de bien des gens, — que c'était bien assez de descendre le Nil en bateau. M. Cogordan me donnera demain, après le déjeuner auquel il m'invite, une lettre circulaire pour tous les agents consulaires de l'intérieur.

Avant de partir pour Philœ j'avais encore une journée à dépenser. Le train de luxe (?) ne part pour la haute Egypte qu'à six heures du soir, c'est mieux ainsi, le kamsi souffle avec tant de violence que le voyage n'aurait pas été supportable dans la journée. J'ai été me promener dans le Mouski, principale artère du Caire, c'est la rue commerçante ; à droite et à gauche, dans de petites ruelles, sont les mosquées et les bazars ; sauf quelques magasins tenus en général par des Européens, qui vont de Schieppear's Hôtel jusqu'à la place de l'Opéra, tout le commerce du Caire est concentré là : c'est le quartier le plus curieux à visiter. Les étrangers sont dans le quartier Ismaïlia, les indigènes sont dans le Mouski ; on y voit toute la journée des enterrements se coudoyer avec des cortèges nuptiaux, pendant que des Berbères et des Soudanais se font raser la tête, que des citadins Arabes sont occupés à marchander des tarbouches dans une des nombreuses boutiques qui se disputent le client ; enfin il y a dans cette visite du Mouski une étude très curieuse à faire sur cette foule grouillante et toujours en mouvement, j'y suis resté longtemps avec mon ami d'A.

Daninos m'a conduit dans quelques mosquées, je les reverrai à mon retour de la haute Egypte pour laquelle tout le monde me presse de partir.

CHAPITRE VI

HAUTE EGYPTE

Abydos. — Luqsor — Karnack. — Les tombeaux des rois. — Nécropole de Thèbes. — Assouan. — Philœ — La première cataracte du Nil. — Le barrage de Philœ. - Sur le bateau-poste.

Décidément si le kamsi ne soufflait pas, si la chaleur n'était pas si atroce, je trouverais les voyages en Egypte charmants. Je suis tout seul, c'est trop beau ; comme me l'expliquait un employé du wagon-restaurant, on ne monte plus en Nubie à cette époque ; par exemple on redescend beaucoup; qu'est-ce que cela peut me faire ? Je suis venu en Egypte, je n'ai pas voulu la quitter sans voir jusqu'à l'Ile de Philœ; il faut en supporter les conséquences. Je me mets à la fenêtre pour jouir de la vue qui est magnifique, par un clair de lune splendide qui se réfléchit dans les eaux du Nil que l'on suit presque tout le temps. Il forme comme une sorte d'oasis immense entre les monts Rabiques et les monts Libiques ; partout où l'inondation annuelle n'apporte pas ses eaux fécondantes, c'est le désert à perte de vue. Il est donc très important pour l'Egypte que la crue soit assez forte et qu'elle puisse s'étendre sur le plus de terre possible, c'est la cause des travaux très curieux que je verrai très prochainement à l'Ile de Philœ. On voit dans la pénombre les masses écrasantes des pyramides qui tracent la limite du désert, de distance en distance ; les villages ont l'air de pygmées à côté d'elles, et il y a, entre ces colosses de pierres et les huttes de terre des fellahs, place pour bien des réflexions.

Abydos est située à quatorze kilomètres de la voie ferrée ; il n'y a que deux moyens pour s'y rendre : à pied, ce qui me paraissait être un moyen peu enviable sous les rayons d'un soleil brûlant, ou bien à âne. Me voilà parti sur cette monture primitive qui sera mon seul moyen de transport pendant tout le temps de mes courses en haute Egypte. Je dois déclarer que partout où l'on trouve des selles convenables, ce trottinement n'est pas désagréable ; on fait avec ces paisibles montures étonnamment de chemin, toujours suivi, à quelque allure que l'on aille, par son jeune propriétaire. On arrive, en traversant un coin du désert, à Abydos la ville sainte des Egyptiens, — le lecteur ne saurait pas pourquoi si je ne le lui disais ; c'est à cause des tombeaux d'Osiris, et que Sesthos Ier, Rhamsès II et beaucoup d'autres, qui étaient des monarques très pieux, ont fait construire les temples dont je vais visiter les ruines. On a une idée très exacte des splendeurs auxquelles ces rois étaient arrivés, par la masse de colonnes en granit, la quantité de salles, plus ou moins détériorées, où ils ont mis leurs images bien souvent répétées; ces temples ont une importance archéologique considérable, j'étais bien aise de les avoir vus, moi qui n'avais pas encore été à même d'admirer les fouilles de la haute Egypte.

Luqsor est un petit village sur les bords du Nil dans lequel il ne me parait y avoir que des hôteliers, des drogmans, et quelques pêcheurs; la population se ressent beaucoup du voisinage de la Nubie; les costumes sont moins compliqués encore; il y a quelques nègres. On ne parle plus français, j'étais obligé d'avoir recours à un drogman. Moora m'a été amené par M. Pagnon, gérant des hôtels Cook à Luqsor, un Français auquel m'avait adressé Dominos.

Ici une parenthèse : l'agence Cook est une institution très commode et dont les représentants m'ont rendu de réels services, surtout dans les ports de débarquement. Mais ils sont odieux en Egypte, je ne sais si c'est parce qu'ils sont indispensables, toujours est-il que j'engage mes compatriotes à faire ce que j'ai fait, c'est-à-dire à se passer d'eux partout où l'on peut conserver son indépendance ; malheureusement en haute Egypte cela n'est pas possible, il n'y a que des bateaux Cook comme il n'y a que des hôtels Cook.

Ceci dit, je prie Moora de me mener tout de suite visiter les ruines de Luqsor. Maspero a été le véritable révélateur de ce temple construit vers 1600 avant J.-C., sur des fondations déjà anciennes, ce qui prouve, entre parenthèse, que le temple de Luqsor date de quelques années. Le manque d'argent a empêché de nous rendre complètement ces belles ruines, mais ce qui est mis au jour fait déjà un très bel effet. Les six colosses de Rhamsès II, assis ou debout entre les colonnes ; l'obélisque qui est le frère jumeau de celui de la place de la Concorde, dominant une cour de cinquante-sept mètres de longueur, presque aussi large, jadis entourée des quatre côtés d'une double rangée de colonnes en porphyre, fait un effet magnifique Puis venait une autre cour de quarante cinq mètres de longueur, ornée aussi de colonnes, qui aboutissait à un grand vestibule dont le plafond, détruit, reposait sur trente-deux colonnes ; enfin le saint des saints vient ensuite : c'était là que se faisaient les offrandes. Tout cela forme un tout très majestueux et qui le sera bien davantage quand on aura trouvé le moyen de déblayer complètement le temple. Le soir, au clair de lune, une partie des colonnes renversées, les pylones à moitié détruits, cet obélisque géant qui se dresse comme un mât immense, produisent un effet singulier de grandeur et de misère. On est bien pour rêver aux cinq mille ans qui ont passé sur ces débris d'une société disparue, mais qui a laissé tant de souvenirs de sa civilisation, tant de monuments de ses gloires.

En ce temps-là on allait de Luqsor à Karnak par une avenue tracée par des béliers couchés qui tenaient entre leurs pattes la figure de l'un des créateurs du Temple de Karnak — Aménophis III — du moins autant que l'on peut en juger, par ce que l'on voit en arrivant à la porte. Aujourd'hui on fait ces trois kilomètres à âne, par les rues (?) assez pauvres de Luqsor, où il y a, paraît-il, des traces de l'avenue de béliers que je retrouverai tout à l'heure, à l'arrivée près du temple de Konsous. J'avais la bonne fortune que M. Cogordan m'ait donné un mot pour M. Ledrain, le très aimable directeur des travaux ; grâce à lui, j'ai très bien vu, et en fort peu de temps. Ce sont ses très intéressantes explications qui m'ont servi à donner une faible idée de cet amas de sanctuaires, connus sous le nom de Karnak et des réparations qu'on y fait. Il y avait autrefois, paraît-il, un mur de briques qui entourait en entier Karnak. Etait-ce une défense ? était-ce pour tout autre raison ? Mystère !

Nous entrons par un vaste portail assez bien conservé, nous prenons une allée de sphinx assez courte, nous sommes dans les temples de Karnak. C'est toujours la même chose. Pourquoi donc ne suis-je pas archéologue ! Il n'y a que l'immensité de ces ruines qui me frappe ; surtout ici c'est ce que j'ai vu de plus grand en Egypte, cela me donne une idée plus complète de ce cahos dans lequel M. Ledrain cherche à mettre un peu d'ordre, et qui n'est pas entièrement mis au jour. Le Nil est tout près, tous les ans ses eaux qui ne sont plus arrêtées, comme jadis, par les constructions puissantes des Pharaons, apportent toujours du limon, et c'est un peu l'ouvrage de Pénélope que de chercher à achever les fouilles. Du temple de Konou, par un pylone énorme, quelque chose comme quarante-cinq mètres de hauteur sur quinze mètres de largeur, nous entrons dans le véritable bijou de Karnak, le grand temple d'Amon ; les proportions en sont immenses, la grande cour a huit kilomètres carrés, la grande salle hypostyle en a cinq : on ne peut se faire une idée de ce que l'on éprouve, en entrant dans cette salle pour la première fois ; au milieu de ces Dieux et de ces rois dont les statues à moitié brisées jonchent le sol, au milieu d'une forêt de colonnes, les unes debout, les autres renversées. Je n'irai pas jusqu'à prétendre, comme beaucoup, que les détériorations, qui ne sont que trop visibles, ajoutent au pittoresque, et je dois avoir raison, puisque M. Ledrain rassemble à grand'peine les colonnes qu'il peut compléter afin de rétablir autant que possible la grande salle dans son état primitif. Mais il est incontestable que cette salle, telle qu'elle est, est une des choses les plus curieuses qu'il soit possible de voir, et que rien ne donne une idée plus complète de la puissance de construction des Egyptiens, que Karnak et surtout la grande salle hypostyle.

Naturellement j'ai demandé à M. Ledrain s'il

avait une idée de la façon dont, il y a cinq mille ans, les Egyptiens pouvaient réunir ces blocs énormes avec lesquels sont faits ces colonnes, ces obélisques, et ces immenses pierres de taille qui pèsent un poids incalculable. Il m'a dit qu'il pensait que c'était à force de bras, et sur mon observation que cela ne pouvait suffire à un moment donné, il m'a expliqué que c'était en mettant un peu de terre, petit à petit, sous les pierres que l'on voulait élever, quel que fût leurs poids, qu'on arrivait, à force de temps, d'ouvriers et de patience, à dresser ces colonnes, ces obélisques de vingt-cinq à trente mètres, ou, par le procédé inverse, à les descendre. Il m'a même montré la façon dont cela devait se faire, et qu'il emploie pour manier des monolithes énormes. Il est certain qu'il n'y a pas, sur les chantiers, de grues ni d'autres machines, mais il y a cinq cents fellahs que j'ai vus attelés à une monstrueuse pierre de taille qu'ils avaient descendue par ce système, renouvelé non pas des Grecs mais des Egyptiens. Pour donner une idée du poids de ces pierres, je rappellerai que l'obélisque de Luqsor, qui est sur la place de la Concorde à Paris, pèse deux cent vingt mille kilog., qu'il était placé en face de celui qui reste à Luqsor et qu'il avait bien fallu le dresser par ces moyens-là.

Le reste du temple est assez mal conservé, les pylones sont en ruines et on ne peut plus reconnaître que le plan général. Enfin, on arrive dans une cour centrale dans laquelle il y avait deux colosses dont il ne reste rien, et deux obélisques dont un seul est debout, il a vingt-trois mètres d'élévation et est très beau. La cour centrale, défendue par ces deux colosses, donne entrée dans une salle détruite qui était décorée des colosses d'Osiris dont on n'a plus que le souvenir, et de deux autres obélisques dont un seul reste debout comme un témoignage de la piété des rois Egyptiens. Il se dresse majestueusement au milieu des ruines qu'il domine avec facilité, c'est le plus grand monolithe connu, à ce que m'a dit M. Ledrain, il mesure trente mètres de hauteur sur deux mètres soixante-cinq de largeur. C'est une pièce magnifique et qui complète très bien le très grand effet produit par les temples de Karnak. Vu du premier pylone sur lequel je suis monté, on dirait une mer de colonnes, un tohu-bohu de temples — on en voit dix au moins — et, dominant le tout, l'obélisque de Toutmosis Ier, dominé lui-même par celui de la reine Makiré. Il y a un petit temple très bien conservé, je crois que c'est celui de Rhamsès II, qui est situé derrière le temple d'Amon.

Pour donner une description aussi étendue, tout à fait en dehors de mes habitudes, il faut deux causes, — comme si ce n'était pas assez d'une — les très intéressantes et très techniques observations que je dois à la complaisance de M. Ledrain et dont j'ai le désir de faire profiter le lecteur, ensuite que Karnak est la merveille de l'Egypte.

J'ai repris mon âne et je suis retourné à Luqsor.

Il fait une chaleur horrible, que sera-ce demain dans le désert? Je ne puis dire à quel point les cinq cents fellahs qui étaient sur le chantier m'ont fait pitié. M. Ledrain m'a dit, avec son entrain de gamin de Paris qui ne le quitte jamais : les fellahs n'ont pas chaud, et puis ils ont des rafraichissements ; et il me montrait les eaux bourbeuses du Nil !

Après une nuit de chaleur comme je n'en souhaiterais pas une pareille à mon pire ennemi, je me suis mis en marche à quatre heures du matin ; je ne suis pas parti plus tôt parce que l'on m'a dit que je ne trouverais pas un batelier pour traverser le Nil. Je vais au tombeau des rois du nouvel empire. Ils diffèrent de ceux de l'ancien et du moyen empire qui sont tous dans les pyramides où l'on a aménagé des appartements mortuaires, ils diffèrent, dis-je, de ces tombeaux parce qu'au lieu d'être placés dans des pyramides, ils sont creusés dans le roc. On y parvient par des couloirs plus ou moins longs, et ces couloirs, comme je le dirai tout à l'heure, sont magnifiquement ornés.

Il est ravissant de traverser le Nil au petit jour ; ce fleuve aux flots limoneux qui est si impétueux trois cents kilomètres plus loin, est à Luqsor d'un calme absolu, il n'est pas même troublé comme il l'était naguère par la présence des crocodiles ; ils ont remonté les cataractes, chassés par les bateaux à vapeur, effrayés par les coups réguliers des hélices ; c'est ainsi que toute couleur locale fuit devant la civilisation.

On a la vue du temple de Luqsor, je crois que c'est la meilleure place pour le voir, l'œil n'est pas choqué par des ruines trop nombreuses, on le considère d'ensemble, on ne voit que cette foule de colonnes dominées par l'obélisque qui, vu du Nil, fait un très bel effet.

J'avais des ânes qui m'attendaient sur la rive orientale, je me suis mis tout de suite en route pour les tombeaux des rois. Il faut à peu près une heure et demie pour parcourir le chemin qui doit me conduire aux plus intéressants, qu'il faut seuls visiter, sans cela une journée ne serait pas suffisante, et, sauf pour les archéologues, c'est sans intérêt — il y en a quarante environ !

La course seule vaudrait le voyage ; après des péripéties sans nombre, on est en selle, on longe le Nil pendant un certain temps pour arriver ensuite à des océans de verdure qui forment comme une ceinture verte au Nil jaune. Puis on s'enfonce peu à peu dans le chemin des « enfers », dans une gorge profonde, entre deux rochers à perte de vue, sans un arbre, sans une herbe, sans un être vivant, pas même un oiseau. C'est horriblement magnifique et merveilleusement disposé pour conduire à des tombeaux. Les anciens avaient bien l'art de la mise en scène. De sorte que quand les ânes s'arrêtent au premier tombeau, malgré soi, malgré la certitude que l'on a de n'y plus trouver de corps, on est saisi d'une sorte de crainte religieuse qui prédispose admirablement à ce que l'on va voir.

On descend, à la lueur des torches, dans ces longs couloirs qui vous conduisent ordinairement dans deux salles dont la dernière renferme, placé dans une excavation, un sarcophage de granit qui a contenu le corps, car il n'y en a plus depuis très longtemps. Tous ces corridors sont remplis de peintures, de reliefs, qui représentent ce qu'il y a dans les livres de l'hadès, dans le Touat ou, si vous le voulez plus simplement, dans l'enfer.

La première fois que j'ai ouï parler de Touat, c'était à Tunis ; je voyais un Touareg dont la présence causait un véritable événement, même parmi les indigènes. Sa figure, complètement voilée par une étoffe noire très épaisse, sa mise, son manteau d'un brun foncé, causaient un véritable rassemblement. Quelqu'un du pays me dit : « C'est un Touareg, c'est un diable vomi par l'enfer dont il porte le nom, Touareg vient de Touat qui veut dire enfer ». Je conte cette anecdote qui m'a paru curieuse, sans me faire l'éditeur responsable de cette étymologie, et je reviens aux Egyptiens.

Ils avaient la coutume de sculpter sur les murs de leurs tombeaux les hauts faits qu'ils avaient accomplis, les peuples qu'ils avaient soumis ; on avait l'habitude pieuse de représenter aussi tout ce qui pouvait être utile au mort pour sa nourriture. Que j'ai regretté mon ami Daninos pendant mes visites dans la haute Égypte, il m'aurait expliqué tout cela avec une compétence exceptionnelle, lui qui a écrit un beau livre sur les monuments funéraires de l'Egypte ancienne, apprécié en ces termes par Maspero : « Je compte que votre livre aura l'accueil qu'il mérite auprès des gens du métier, comme auprès des gens du monde... C'est une œuvre de vulgarisation que vous avez faite pour notre plus grand bien à tous » (1).

J'aurais un grand besoin d'être accompagné par un homme qui aurait pu m'expliquer avec clarté et autorité les admirables bas-reliefs des tombeaux de la nécropole de Thèbes.

Moora m'a joué un abominable tour en me faisant passer par un sentier de chèvres, à travers la montagne, pour revenir dans la plaine; c'est plus court mais plus pénible aussi. Cependant je dois reconnaitre que du haut de la montagne j'ai eu une vue très grandiose ; d'un côté, les rochers qui contiennent les tombeaux des rois, qui ont un aspect sévère sauvage, désolé; de l'autre, à mes pieds, cette débauche de temples de la nécropole de Thèbes que je parcourrai tout à l'heure, les plaines verdoyantes qui nous séparent du Nil, lequel s'étend à perte de vue comme un ruban argenté; à l'horizon les temples de Karnak et Luqsor. Cette vue frappante par ses contrastes ne m'a pas fait oublier que j'ai été obligé de faire une demi-heure

(1) Daninos : Les monuments funéraires de l'Egypte ancienne. Préface.

de route à pied par soixante degrés de chaleur pour gagner l'abri que Cook a fait construire à l'entrée de la plaine près du temple de Dier-el-Bahie. Mais ce que je tiens à constater, c'est que les tombeaux des rois sont assez beaux pour que je n'aie pas à regretter d'avoir fait cette abominable course par cette atroce température.

Après quelques heures de repos, j'ai parcouru les temples principaux qui m'environnaient; si l'on n'est pas plus archéologue que moi, c'est une fatigue dont on pourra se dispenser. Je ne veux retenir de ces visites que la marque chrétienne qu'ont gardée ces temples, de l'époque où les premiers apôtres sont venus en Egypte; c'est ainsi que l'un d'entre eux, Dier-el-Bahie, veut dire Couvent du nord, en souvenir des moines qui l'ont occupé. Plus loin, on entre dans des ruines que l'on appelle Dier-el-Médine : couvent de la ville; enfin dans un endroit relativement mieux conservé, à Médinet-Abou, il y a encore les traces d'une église chrétienne remontant, comme toutes les églises qui ont existé dans ces ruines, aux premiers temps de notre ère. Ce qu'il faut surtout constater avec regret, c'est que ces premiers chrétiens n'ont pas su respecter ces monuments, et qu'ils ont une grande part de responsabilité dans leur disparition si complète.

Je ne veux pas arriver au terme de ma visite très rapide dans ces diverses ruines assez mal conservées, sans dire un mot du colosse de Rhamsès, le plus grand parmi les grands, qui est le Ramesseum. C'est une statue à la mode Egyptienne, qui a dix-sept mètres de long. En même temps que moi, il y avait une caravane de voyageurs harassés, auxquels un individu qui devait être le Drogman faisait un boniment quelconque ; ils ont alors grimpé, pour mieux entendre sans doute, les uns sur les bras, les autres sur la poitrine du colosse renversé, et insulté de leurs piétinements et de leurs profanations cette statue d'un des plus grands guerriers d'il y a quatre mille ans, sur laquelle ils ont dispersé leurs provisions et..... déjeuné.

Je fuis devant tant d'inconscience ; si Daninos avait été là qu'aurait-il dit ? Et en regagnant mon bateau qui m'attendait au bord du Nil, je passe devant les deux colosses de Memnon, qui ont l'air de monter la garde, sentinelles géantes, devant Thèbes aux cent portes. On a, en s'approchant, le regret de constater que ces deux figures immenses d'Amenophis III, ont beaucoup souffert des injures du temps, mais on reste confondu de tant de grandeur somptueuse.

Avant de partir pour Assouan, je vais à la messe dans la petite chapelle de Luqsor. Que nous sommes loin du temps où les chrétiens bâtissaient leurs temples au milieu des ruines amassées par les siècles ! Ici plus de marbre, plus de porphyre, plus de splendeur, plus rien de ce que les humains ont créé ; quelques voyageurs, des Nubiens, quelques fellahs, des enfants, un vieux prêtre Franciscain qui dit la messe, c'est tout. Que c'est petit et pauvre, mais que c'est grand ! Il est des heures, en voyage, où l'on retrouve dans sa mémoire les impressions que l'on a éprouvées, la fraicheur de l'âme de ses premiers souvenirs.

Il faut se mettre en route, le train n'attend pas ; il est onze heures du matin, presque l'heure la plus chaude, il fait à l'ombre quarante et un degrés centigrades, je ne sais pas ce qu'il fait au soleil, j'y reste le moins possible. Ce que j'ai souffert de Luqsor à Assouan est impossible à rendre ; j'étais seul dans un wagon, j'ai passé ma journée à acheter des gargoulettes remplies d'eau que nous offraient, à chaque station, des petits Becharins d'un très joli type avec des cheveux frisés, et à me mettre des compresses sur la tête ; grâce à cela je suis arrivé à peu près bien à destination. Au nombre des inconvénients du voyage, je ne dis rien du plus considérable de tous, une poussière fine, impalpable qui passe par toutes les fentes, par tous les interstices, un des plus grands ennemis du voyageur en Egypte.

L'Hôtel des Cataractes a été l'un de mes plus grands étonnements. Je suis arrivé à la nuit close, il faisait aussi chaud que lorsque j'étais parti ; je suis entré sur une immense terrasse très bien éclairée qui surplombait le Nil, et sur laquelle s'ouvraient de grands corridors où étaient situées toutes les chambres de la maison. Ce bel immeuble dans une petite ville, sur les confins du Soudan, à huit cent quatre-vingts kilomètres du Caire, m'a fait l'effet d'un rêve. De plus on jouit sur cette terrasse d'une vue ravissante : l'Ile Eléphantine en face, les monts Lybiques assez rapprochés, au bas le Nil, coupé par des îles nombreuses qui forment point d'arrêt de cette vue reposante parce qu'elle est peu étendue et tout à fait appropriée à des voyageurs fatigués. J'ai fini ma soirée en me promenant à âne dans Assouan, c'est la manière " chic " de se promener dans toute l'Egypte, on rencontre ainsi partout des gens allant admirer un point de vue, ou faire des courses ; seulement à Alexandrie ou au Caire, par exemple, il y a des places d'ânes comme des places de fiacres, ici il n'y a pas de choix. Je vais donc à âne à Assouan, au clair de lune ; le village m'a fait l'effet assez propre, sa population m'a paru différente de celle du Caire, il y a ici beaucoup de Nubiens, un campement de Bécharins aux huttes misérables où mon « duncky boy », comme les Anglais appellent les âniers, m'a conduit ; j'ai vu toujours les mêmes cafés arabes, puis les bazars que je ne crois pas très bien approvisionnés — je les reverrai le jour —. Enfin ma course m'a fait un peu respirer, la promenade à pied est impossible ici.

De grand matin je suis parti pour aller en Nubie, à la première cataracte du Nil ; j'ai pris le chemin de fer militaire, à voie étroite, qui conduit à Kartoum. J'avais bien envie d'aller jusque-là, si j'étais venu en Egypte un mois plus tôt c'était chose faite ; avec la chaleur qui règne dans le Soudan, à cette époque de l'année, je recule. Nous sommes passés, en sortant de la gare d'Assouan, dans le désert qui conduit à Chellal ; je ne dis rien du matériel du chemin de fer, c'est un train militaire anglais. Une barque et quelques minutes sont suffisantes pour aller à Philœ. Cette ile très petite est remplie de temples, ou mieux elle n'est en réalité qu'un temple ou plutôt une série de ruines très intéressantes, très curieuses, partiellement conservées ; je renvoie au Bædecker et au " Note for travellers in Egypt " pour qu'ils donnent aux lecteurs toutes les explications qui font revivre ces ruines. Je dirai seulement qu'il y a à Philœ un petit kiosque qui est bien la chose la plus gracieuse que j'ai vue dans l'ile ; ceux qui sont allés si loin se rappellent toujours cette construction qui est inséparable, dans leur esprit, de Philœ et des cataractes du Nil. Après avoir visité ce kiosque très pittoresque, je descends dans le nilomètre ; c'est une sorte de puits carré construit tout en pierres de taille, il contient une " échelle " sur laquelle est marquée la hauteur des crues ; il remonte à une époque très ancienne, Strabon l'a décrit. Ce qu'il y a de certain, c'est qu'un ingénieur anglais a pu constater par les mentions inscrites sur les " échelles " que les crues étaient sensiblement les mêmes aujourd'hui qu'il y a deux mille ans. Ce nilomètre n'avait pas servi depuis un millier d'années, il a été remis en usage par le Khédive Ismaïl en 1870.

Presque à la hauteur de Philœ, les Anglais font construire un grand barrage pour retenir les eaux du Nil ; il a été dépensé beaucoup d'encre pour ou contre ce travail ; j'y vais en barque. Au commencement de ce siècle, lors de la conquête de Napoléon, on s'est préoccupé de régulariser les crues du Nil qui avaient été jusque-là abandonnées au hazard. C'était cependant une chose très importante pour les Egyptiens, dans ce pays où il ne pleut presque jamais, où la zône cultivable est restreinte aux terres que le Nil arrose directement, ou par les canaux assez nombreux qui servent, dans le Delta surtout, à l'irrigation. Tous les ans, il innonde les terres d'Égypte ; partout où ses flots bienfaisants arrivent il y a des récoltes superbes, du coton, des cannes à sucre, du blé ; là où ils n'arrivent pas c'est le désert. De sorte que si le Nil n'a pas une crue assez forte, les récoltes sont compromises ; si la crue s'annonce bien c'est l'abondance ; c'est donc une question très importante pour le gouvernement, en dehors de toutes autres considérations, parce qu'il établit ses impôts selon le plus ou moins de crues qu'a eues le fleuve. L'établissement des barrages, on le voit, était une des questions capitales pour l'Egypte. C'était pour pouvoir, par ses travaux, régulariser les crues du Nil ; par l'établissement de nouveaux canaux, étendre la zone cultivable et par suite la matière imposable, que le gouvernement a senti le besoin de reprendre l'idée de Napoléon qui fut mise à exécution en 1838.

Au-dessous du Caire, on fit deux barrages à l'entrée du Delta, aux branches du Nil connues sous le nom de Rosette et de Damiette. Quand les Anglais eurent reconquis Kartoum, après la défaite glorieuse de Gordon par le Mahdi, ils se préoccupèrent de réglementer les inondations du Nil dans les mille kilomètres qui séparent le Caire d'Assouan : c'est la cause de l'établissement du barrage de Philœ. Une question très grave se posait pour les archéologues, celle de la destruction probable des constructions qui restent au milieu de l'île ; ils ont combattu tant qu'ils ont pu. Les Anglais n'ont pas beaucoup de goût pour les questions de sentiments ; ils ont baissé un peu le niveau du barrage, mais ils ont décidé qu'il serait fait à la place qu'ils avaient fixée. Les archéologues prétendent que c'est la perte de la " perle du Nil ", de l'île de Philœ. *Et adhuc sub Judice lis est.* Ce qu'il y a de certain, c'est que c'est un magnifique travail qui coûtera trois millions de livres sterling, et que, sans prendre parti dans la question, je suis très heureux d'avoir vu Philœ avant son achèvement, et d'avoir été à même de contempler ses temples.

La barque, qui m'avait conduit voir les travaux si curieux du barrage, m'a servi à descendre les rapides — expression qui rend mieux que celle de cataracte la physionomie de ce passage, car lorsque l'on dit cataracte, on a immédiatement l'idée d'une chute d'eau, ce n'est pas cela du tout ; le passage des rapides ne dure qu'une demi-heure, n'a pas moins de trois ou quatre kilomètres, je crois, et n'est pas dangereux, si l'on est prudent, si l'on a avec soi un cheik des cataractes et un peu de chance : — ce sont des conditions faciles à remplir. Six nègres Nubiens ou Berbers et le cheik composent l'équipage de la felouque, ils sont d'une force herculéenne et d'une incomparable habileté. On voit, dans les moments difficiles, la sueur couler de leur front et on entend davantage leurs chants et leurs invocations à Allah. Il y a une sorte de plaisir amer et intense, une appréhension mêlée de satisfaction à se sentir entraîné par un courant aussi rapide ; on croit toujours que l'on va se briser sur un rocher, mais par un merveilleux coup de barre le cheik l'évite ; les rochers deviennent plus nombreux, la barque tournoie sur elle-même, les invocations augmentent, deviennent des rugissements, les vêtements des rameurs jonchent le sol, un dernier effort, les rapides sont franchis — le Nil a repris son cours tranquille ; nous débarquons sous la terrasse de l'Hôtel des cataractes.

Avant de partir d'Assouan, j'ai frêté une felouque avec un trio de Belges charmants, l'un bourgmestre de Liège, l'autre médecin, le troisième professeur à l'Athénée ; ils étaient avant moi à l'hôtel et je m'étais lié avec eux en voyant qu'ils souffraient autant que moi du kamsi : notre commune infortune nous avait réunis. Je suis donc parti avec eux pour faire une promenade sur le Nil, vers quatre heures du matin ; la nuit avait été si affreuse que nous espérions qu'une promenade sur l'eau nous procurerait un peu de fraicheur. Nous avons eu un lever de soleil charmant ; le calme du Nil, l'île Eléphantine vue de loin, les monts Lybiques formant le fond du tableau, nous ont procuré une dernière sensation de ce pays que nous ne devions pas revoir, mais nous sommes rentrés avec la même impression de chaleur ; heureusement que le bateau poste n'avait pas de retard, et que nous avons pu nous embarquer dès les premières heures de la matinée.

A peine sur le bateau et installé pour une navigation d'une semaine, avant de me rendre compte des personnes qui étaient embarquées avec moi, je suis appelé sur le pont pour assister à une scène très curieuse qui, parait-il, se renouvelle à chaque départ. Des Nubiens, quelques petits Bécharins et des jeunes filles Nubiennes viennent offrir aux voyageurs des armes du Soudan, des colliers, des plumes d'autruches, de la verroterie, des cornes de rhinocéros, des poteries aux formes magnifiques — ah ! s'il ne fallait pas les transporter si loin ! — Alors commence entre les natifs du pays et nous, un marchandage par gestes qui est ce qu'il y a au monde de plus amusant ; aussitôt qu'on a l'air de vouloir leur acheter quelque chose, leurs prétentions augmentent. Quand on leur dit par geste ou à l'aide de quelques mots de mauvais anglais qu'ils parlent un peu, que l'on n'en veut pas, ils nous offrent toute leur cargaison. Il est impossible de traiter avec une de ces marchandes, sans que toutes les autres viennent se jeter au travers du marché, et vous offrir tout ce qu'elles possèdent, sans exception. Tout ce monde se trouve placé sur une sorte de quai en planches un peu séparé du bateau sur lequel nous nous tenons. On devine que les affaires n'avancent pas, nous n'avions rien voulu acheter; nous essayons, sans succès, de leur faire entendre qu'ils demandaient trop cher de ce qu'ils nous offraient. Lorsque le bateau siffla pour annoncer son prochain départ, la scène change immédiatement, les prix baissent dans des proportions extraordinaires; les femmes, qui sont aussi peu vêtues que les hommes, nous lancent leurs colliers, et nous arrivons à avoir les mains pleines de tout ce qu'ils veulent vendre. – C'était un des derniers bateaux de l'année — nous leur rejetons ce que nous ne voulons pas, et pendant un moment c'est un va-et-vient d'objets qui étaient très jolis à voir. Enfin nous gardons quelque chose, et le bateau est déjà en marche quand nous pouvons leur payer ce qu'ils nous laissent. Le spectacle n'était plus en ce moment chez les Nubiens, il était chez les Européens, tous plus ou moins ornés de colliers, de plumes, d'armes, ce qui, sur nos costumes, produisait le plus singulier effet.

La nourriture est mauvaise, il fait quarante-deux degrés de chaleur ; nous sommes affalés sur le pont, ces messieurs Belges et moi, incapables de rien faire, ne pensant qu'à nous éventer Nous voyons les rives du Nil sur lesquelles, de temps à autre, dès qu'une bande de terre cultivable existe entre le fleuve et les montagnes, des fellahs puisent de l'eau dans des shadoufs. Ce mode d'arrosage existe en Egypte depuis la nuit des temps. Deux fellahs, baissant et soulevant des seaux en peau de buffle à l'aide d'un long levier placé au-dessus de leur tête, les vident dans des auges ; il y a, selon la hauteur de la levée, deux ou trois shadoufs pour atteindre le canal d'arrosage qu'ils cherchent à alimenter. Le métier est dur ; aussi ces malheureux qui travaillent à remplir un véritable " tonneau des Danaïdes" sont toujours nus, sauf des lambeaux d'étoffe attachés sur les reins.

A six heures du soir, nous sommes au temple de Kom Ombo, nous n'avons fait que quarante kilomètres dans notre journée, le Nil baisse avec une telle rapidité que le capitaine n'ose pas aller vite de peur d'ensabler notre bateau. Kom Ombo est un temple de l'époque Ptolémaïque car il a été construit sur des ruines déjà existantes. Ici je fais une réflexion sur la façon dont ces temples sont massacrés, je soupçonne qu'il y a bien des touristes qui détruisent pour le plaisir de détruire ; il y a des gens qui sont tout heureux d'emporter comme souvenir un morceau d'Amenophis II ou

III, qui trouvent qu'une oreille de Rhamsès fait très bien : c'est par expérience que je dis cela. Kom Ombo n'est pas en plus mauvais ni en meilleur état que les autres temples ; après Karnak et Luqsor cela me laisse froid. Je me réfugie dans la cour et je regarde la vue. Ce temple est bâti à une assez grande élévation à pic sur le Nil, qui change fréquemment de lit au détriment des pylônes qu'il a emportés en compagnie de quelques autres constructions ; j'en suis très fâché pour les archéologues et les égyptologues pour qui ces ruines ont un grand prix. Je me borne à constater que ces monuments ont un aspect grandiose. Le Nil qui coule à quinze mètres en contrebas ; au soleil couchant la lumière qui se joue dans ces ruines, qui dore ces piliers ; à l'horizon la Nubie où nous étions ce matin : tout cela est un spectacle peu ordinaire, et qui fait de Kom Ombo une halte charmante.

Les précautions de notre capitaine ne lui ont servi de rien, nous sommes ensablés à quelques kilomètres au-delà de Kom Ombo ; nous passons vingt-quatre heures à tourner au milieu du Nil sans parvenir à faire un pas. Le peu d'air respirable qui nous était procuré par la marche du bateau nous fait complètement défaut, il fait une température horrible. Nous n'avons pour nous distraire que la vue d'une jeune Anglaise que sa famille cherche toute la journée, mais qui parait préférer au charme de la lecture ou du far-niente la conversation (?) d'un très jeune et très beau

Nubien qui me semble tout à fait conquis à l'influence anglaise. Pendant ce temps les malheureux noirs qui forment l'équipage invoquent Mohamed et poussent les perches en chantant sur un rithme plutôt monotone des invocations à Allah. Ils passent une journée et une nuit à essayer de faire faire un mouvement au bateau, sans plaintes, sans paroles, sans cris, en invoquant leur Dieu et Mohamed. — Ah ! nous ne sommes pas en Europe. Enfin nous sommes repartis, nous débarquons à Edfou, ville de six mille âmes, très insignifiante mais qui contient un temple d'Horris mieux conservé que tous ceux que j'ai vus. On a éloigné les habitations qui le déshonoraient, déblayé tout le temple, et il se présente tel qu'il était il y a seulement deux mille ans, ce qui n'est pas vieux comparativement à tout ce que nous venons de voir ; le pylone et la cour pavée de larges dalles ornées de colonnes décorées de chapiteaux sculptés, l'Hypostyle, sont en très bon état et méritent d'être vus parce qu'ils donnent une idée exacte de l'architecture des temples Egyptiens.

Nous sommes arrivés à Luqsor après un autre arrêt de six heures auquel nous avait condamnés un nouvel ensablement. J'avais goûté de la navigation du Nil, très curieuse à étudier, très intéressante à voir : ces caravanes de chameaux, ces femmes qui viennent puiser de l'eau dans leurs cruches rebondies, ces hommes qui prient tournés vers la Mecque, ces groupes d'ânes conduits par des enfants, ces nombreux shadoufs, font un effet ravissant dans la netteté des nuits ou éclairés par le soleil des journées. Il se dégage, au moment du lever et du coucher du soleil, une impression incroyable de lumière et d'intensité, on voit le disque se lever et disparaître derrière les monts lybiques ou arabiques, ses teintes si diverses prennent une inappréciable grandeur, et donnent des reflets inconnus à ces belles ruines semées sur le sol de l'Égypte. Jamais l'œil ne se repose, car les nuits sont aussi belles que les journées, et le clair de lune qui était alors dans son plein donne d'autres aspects non moins intéressants et diversement curieux aux statues colossales à moitié brisées, aux colonnes de porphyre, aux pylones presque détruits qui peuplent les temples. Mais il n'y a si bonne compagnie qui ne se quitte, de même il n'est si beau point de vue que l'on n'abandonne.

J'ai pensé que descendre le Nil plus bas que Luqsor était inutile; je ne savais pas quand j'arriverais au Caire, à cause de la baisse effrayante du fleuve; j'avais vu tout ce que je voulais voir, le plus simple était, après quatre jours de navigation assez pénible, de reprendre le chemin de fer.

CHAPITRE VII

DEUXIÈME SÉJOUR AU CAIRE

Les Pyramides de Gizeh au clair de lune. — Chez le Cheik Allah. — Visite aux mosquées. — Bou Amena roi du Darfour. — Messe consulaire. — Course à Memphis.

Il faut que j'aie couru une sorte de danger, la satisfaction de tous mes amis en me revoyant m'en a donné l'intuition : la société de mes amis, le bon Hôtel Continental et surtout le far-niente eurent vite raison de ma fatigue. Je fais grâce au lecteur de la vie que j'ai menée au Caire, cela a été au début une reprise à la vie civilisée. Quelques jours m'ont été nécessaires pour me remettre de cette course dans la Haute Egypte — c'est le mot qu'il faut employer. — pendant lesquels je me suis laissé vivre. Tout le monde va partir d'ici quinze jours, chacun veut profiter de ses derniers moments qui sont, comme toujours, les plus occupés.

A l'heure précise où je prends la plume pour raconter au lecteur des courses et des visites faites avec le ménage De X., j'apprends la mort subite de cette charmante Américaine que le Comte de X.

avait épousée. Cette triste nouvelle me fait faire de bien amères réflexions ; je l'avais quittée, il y a six mois à peine, pleine de vie de santé et de jeunesse ; aujourd'hui, elle est morte ! Elle laisse beaucoup de regrets dans le monde diplomatique auquel elle appartenait ; même moi, qui n'avais l'honneur de la connaître que depuis peu de temps, j'ai été sous le charme de sa grâce et de sa bonté. Cette disparition attriste les souvenirs si joyeux et si attrayants qu'il me reste à évoquer ; elle était de toutes les parties, elle organisait toutes les excursions !

Nous nous sommes rendus aux pyramides de Gizeh en tramway. Nous avions pris toute une voiture, de sorte que nous jouissions des charmes de la conversation sans avoir l'ennui des voisins : nous étions une vingtaine. Il faisait un clair de lune magnifique, une nuit d'Orient, avec une température relativement fraiche : ces changements brusques sont très fréquents en Egypte.

Cela fait un drôle d'effet d'aller en tramway à vapeur jusqu'au désert et là, de descendre pour monter à chameau et visiter les Pyramides : l'extrême civilisation dans ses manifestations les plus nouvelles, et les magnificences du passé dans ses témoins les plus anciens. Les pyramides de Gizeh datent probablement de quatre mille ans avant J.-Ch. (1).

---

(1) Les Egyptologues sont à peu près d'accord pour en attribuer la construction à la 4e dynastie.

Nous avions pris toutes nos précautions, aussi quand nous sommes descendus au Mena Hôtel, qui est le seul, nous avons trouvé des chameaux, et nous nous sommes immédiatement mis en route afin de profiter du clair de lune. Je m'étais promis de ne plus remonter sur ces coursiers du désert, mais la rage que j'ai d'imiter tout ce que je vois faire aux autres, m'a fait abandonner pour ce soir mon bourriquot ; j'y gagne un mal de reins abominable, heureusement que la course n'est pas longue. On a, du haut de la grande pyramide, un coup d'œil splendide, comme celui de la montagne du tombeau des rois à Thèbes ; le contraste est frappant, entre le désert si abrupt, si nu, si désolé, où l'on n'aperçoit que des dunes de sable, qui ne se distinguent presque pas des pyramides de Sakarah que l'on voit au loin, et le Nil avec sa ceinture de terre cultivée qui semble promener la fertilité derrière lui, rehaussé de cette ville du Caire si brillante et si animée. C'est bien beau, mais combien fatiguante cette ascension de deux cent vingt-sept mètres par un escalier (?) qui a des marches d'un mètre ! On a un vertige fou, mais c'est à voir.

Ce qu'il faut visiter surtout, et ce n'est pas fatiguant, c'est le sphynx. Il faut se mettre assez loin, faire passer des arabes, d'abord à pied, puis à âne, auprès de cette énorme tête qui a l'air de nager dans une mer de sable : cela donne la réalisation des voyages de Gulliver ; on voit très bien comme le sphynx a l'air de se moquer, avec sa tête si fine et si intelligente, des pygmées que nous sommes. Quand on s'approche de ce lion à tête humaine, on est plus frappé de sa grandeur (vingt mètres environ), mais on jouit moins de ses traits qui respirent la force et de ses yeux si intelligents, que lorsque l'on est plus loin.

Mes amis me gâtent toujours; aujourd'hui le Comte de X m'a dit après déjeuner : « Si vous n'avez rien de mieux à faire, je vous conduis chez le Cheik Allah avec quelques-unes de ces dames ». Ma réponse n'était pas douteuse. De X. est attaché à une des légations du Caire, et il a eu ainsi occasion de faire quelques connaissances indigènes. Après avoir traversé le Mouski, quelques ruelles infectes dans le quartier musulman, nous arrivons chez le Cheik. C'est un magnifique vieillard Mahometan, il est la plus grande autorité religieuse du Caire : il vient nous recevoir dès que mon ami s'est fait annoncer, et quoique proscrit, car il est ici exilé par le sultan, il a une autorité qui le rend redoutable. Aussitôt on nous apporte du café, c'est le début obligé de toute visite; nous fumons une cigarette qu'il allume toujours avant de l'offrir à chacun de nous, c'est la plus grande politesse qu'il puisse faire. J'ai eu bien souvent l'occasion de *subir* cette coutume, mais je dois dire que chez lui elle m'a été moins désagréable que partout ailleurs : il est d'une propreté très rare; il avait grand air, drapé dans son burnous : d'une taille élevée, d'un abord très gracieux et d'une galanterie parfaite avec les femmes. Nous avons causé autant que l'on peut causer avec un inconnu, et à l'aide d'un interprète ; il nous a raconté ses courses au Maroc mais n'a rien voulu dire des causes de son exil malgré tous les efforts de X.

Pendant ce temps, son fils et ses petits-fils sont arrivés, ils sont restés debout : on ne s'assoie pas devant le Cheik, nous a-t-on expliqué. On nous a passé quelques rafraichissements à l'eau de rose. Il est de la politesse la plus élémentaire d'accepter toujours, de tremper ses lèvres au moins dans le verre qui vous est offert, et de saluer son hôte en disant : Taïb, qui veut dire, parait-il, toutes les formules de satisfaction résumées dans un seul mot. Il nous a offert à chacun des pierres précieuses, j'ai eu pour ma part une cornaline, qu'il m'a donnée avec quelques mots gracieux ; à ces dames il a fait des cadeaux plus importants. Nous avons pris congé de lui, sans avoir vu une femme, bien entendu, mais non sans avoir deviné leur présence derrière les moucharabieh d'où, curieuses, elles regardaient les Européens et détaillaient les toilettes.

Daninos a bien voulu me montrer les principales mosquées du Caire, j'en ai vu un grand nombre, je veux seulement en retenir quelques-unes qui m'ont frappé, soit par leur ancienneté, soit par leur magnificence, soit parce qu'elles servent d'universités aux étudiants Egyptiens. La Mosquée de Touloun est la plus ancienne de la ville, elle est remarquable surtout par l'ampleur de ses proportions, elle a des galeries de quatre-vingt-dix mètres de côté, ce qui donne une cour d'une assez belle grandeur. Celle de Monaiyad ou Mosquée Rouge, décorée avec goût et très richement, n'a à mon avis de très remarquable qu'une porte en bronze sculpté, enlevée à la mosquée du Sultan Hassan, je ne me rappelle plus pourquoi. Cela par exemple vaut une visite, c'est le monument le plus splendide de l'architecture byzantino-arabe ; ses proportions énormes rappellent les vastes surfaces des temples de la Haute Egypte. Les deux grandes portes qui ont été enlevées pour être placées dans la Mosquée Rouge n'ont pas été remplacées, ou l'ont été par des portes en bois sculpté, très fouillées mais bien moins belles Nous sommes enfin montés au minaret le plus élevé du Caire, d'où l'on a une vue très belle et très étendue.

La mosquée d'Elazhar contient l'Université depuis mille ans environ, il y a quatorze mille étudiants dirigés par deux cent cinquante professeurs. On n'y entrait pas comme l'on voulait, autrefois, maintenant c'est plus facile, mais il faut toujours observer un grand silence pour ne pas troubler les études. C'est un spectacle curieux et qui déroute toutes nos idées chrétiennes et Européennes que de voir et d'entendre ces cours faits dans l'intérieur d'une mosquée : maitres et élèves, assis en rond sur des tapis magnifiques, lisent le

Coran qui, pour eux, contient tous les préceptes divins et toutes les lois humaines. Le professeur lit et explique sa leçon à un nombre assez restreint d'élèves qu'il a réunis autour de lui. Quelques pas plus loin il y en a d'autres ; et cela se répète presque indéfiniment avec de nouveaux maîtres.

Nous avons vu aussi la mosquée el Hakim qui n'a rien de remarquable, mais dans les dépendances de laquelle est le Musée Arabe qu'il faut visiter. Il est peu considérable encore ; il contient des pièces de toute beauté, comme vieilles caisses de Coran ciselées en cuivre ; surtout de vieilles lampes de suspension, en verre, ornées de médaillons en émail, qui sont très belles et ont le mérite bien rare d'être uniques ; on ne sait pas d'où elles proviennent, et l'on déclare qu'il serait impossible de les faire reproduire ; enfin, dans un couloir, quelques sculptures sur bois très anciennes et très intéressantes.

Nous sommes rentrés à l'Hôtel après être montés à la citadelle, fameuse surtout par le massacre des mamelucks organisé au commencement du siècle par Mohamed Ali, le fondateur de la dynastie actuelle. Il s'est débarrassé, dans cette circonstance mémorable, de cinq cents cheicks qu'il avait invités à une conférence. Quand ils en sortirent il les fit mettre à mort, un seul ne fut pas tué ; il sauta à cheval par dessus les fossés de la citadelle et se sauva. Daninos-Pacha m'a montré l'endroit où il franchit le mur.

Nous avons profité de nouveau des connaissances que le comte de X... a parmi les indigènes, et de son interprète officiel, pour aller voir S. M. Bou Amena, un des rois du Darfour, qui est au Caire, prisonnier des Anglais. Nous l'avons poursuivi, c'est le mot, car il a autant de résidences qu'il a de femmes légitimes — il paraît qu'il change souvent de palais. Nous l'avons enfin rencontré chez sa première femme qui est, à ce que l'on dit, une négresse très distinguée. Je ne puis en parler que par ouï dire, l'hospitalité de Sa Majesté, quoique très écossaise, ne l'a pas été au point de me présenter à la reine dont il ne parle jamais. Du reste c'est la coutume dans tout l'Orient, et le meilleur moyen pour se brouiller avec un oriental est de lui parler de ses femmes et de son harem. Nous sommes arrivés dans la grande cour d'un très beau et très vieux palais, situé au centre des petites rues qui avoisinent le Mouski, en plein quartier musulman bien entendu ; notre visite était annoncée, nous fûmes immédiatement admis.

Au bas du grand escalier, quelqu'un de sa maison vint nous prendre, et nous fit entrer dans un très grand salon, assez drôlement orné d'orgues de barbarie, de toilette garnie de mousseline, de pendules en zinc, de divans très bas, avec un nombre incalculable de coussins. Le roi entra bientôt ; j'avoue que j'eus un moment de désillusion en le voyant ; n'était sa couleur très noire, ses cheveux crépus et une certaine dignité, je l'aurais pris pour un calicot de très mauvais goût et fort endimanché ; il portait un pantalon qui, par ses couleurs heurtées, est inénarrable, un gilet et un veston, le tout accompagné de bottines vernies trop étroites, et surmonté d'une cravate qui est tout un poème, — si M. Le Bargy avait été là il se serait voilé la face. Moi qui m'étais attendu à le voir dans son beau costume du Darfour ! Mais il parla, et ce qu'il dit, après les compliments, fut très sensé et très bien exprimé. Il n'avait avec lui que deux hommes vêtus à l'européenne qui se tenaient à l'écart, paraissaient très respectueux, et n'ont pas prononcé une parole : c'était notre interprète dont l'émir se servait. Deux domestiques nous apportèrent du café, puis des confitures de rose, puis du lait d'amande avec du citron, je crois, de l'eau de fleurs d'oranger, enfin des bonbons qu'il fit laisser devant nous. Tout cela mélangé de verres d'eau glacée, et après chaque plateau, un domestique nous présentait des morceaux de soie blanche brodée d'or pour nous essuyer les mains et les lèvres ; j'ai bien regretté de ne pas avoir :

Du buvetier emporté les serviettes
Plutôt que de rentrer au logis les mains nettes (1).

Pendant ce temps Bou Amena avait proposé à la comtesse de X. de la conduire dans son harem ;

---

(1) Racine, *Les Plaideurs*.

pendant que la reine la recevait, ce qui a été assez long, l'Emir a causé avec nous d'une façon très intéressante : il nous a parlé de son pays de ses montagnes, car il parait que dans le Darfour il y a, près de la mer, des collines très élevées, dans lesquelles est située la capitale. Il a profité de l'occasion pour nous raconter comment il avait été fait prisonnier, par trahison, ajouta-t-il. Les Anglais le combattaient depuis longtemps, ils étaient toujours arrêtés par les montagnes dans lesquelles il se cantonnait. On l'a fait venir dans les plaines sous prétexte d'une conférence et, dit-il, on a profité de l'occasion pour terminer la guerre. Il a, en faisant ce récit, un air énergique et cruel tout à la fois qui me fait supposer qu'il valait mieux être de ses amis que de ses ennemis, quand l'Emir était sur son trône. Mais cela ne dure qu'un instant : comme par un effort de volonté, il se ressaisit et nous donne des détails sur le climat, les récoltes du Darfour qu'il dit être très belles ; une foule de renseignements enfin sur le mode de culture. Madame la comtesse de X. était revenue de chez la reine, nous avons dû reboire du café, reprendre des bonbons, après cela notre visite a pris fin. Point n'est besoin de dire que cette présentation a été très intéressante et qu'elle fut de tous points très instructive, il n'y a que notre estomac qui aurait pu en être fâché.

L'instruction, dans le sens le plus étendu du mot, est donnée très largement depuis vingt années à peu près en Egypte ; il y a des écoles militaires. Je montrerai au lecteur, qui voudra bien me suivre jusqu'au bout, quelle influence a eue la France dans la création de ces écoles diverses ; aujourd'hui, je veux seulement lui demander de m'accompagner dans les écoles primaires et secondaires.

Voici d'abord le collège de Khoronfisk dirigé par les Frères ; ils ont fait du chemin depuis le jour où, en 1854, ils arrivaient en Egypte au nombre de cinq ! C'est un magnifique établissement qui a plusieurs succursales dans tous les quartiers de la ville ; le nombre des élèves est de trois ou quatre mille, parmi lesquels on compte de nombreux élèves gratuits. Au début et quelques années après l'arrivée des Frères, le vice-roi leur donna le terrain sur lequel ils bâtirent leur collège, et il y ajouta une somme de trente mille francs. On comprend sans peine la portée que dut avoir, au point de vue de l'influence française, cet acte de générosité intelligente, pour la création d'une école dans laquelle tous les cours se font en français, et où, chaque année, trois mille enfants du peuple viennent apprendre notre langue, en même temps qu'à aimer notre pays. Aujourd'hui c'est l'enseignement gratuit qui est en honneur, et soixante-dix Frères ne peuvent suffire à la tâche qui leur incombe ; de plus, le gouvernement Français leur donne le droit de préparer les enfants au baccalauréat moderne, dont j'ai déjà expliqué le fonctionnement.

De là, je me suis rendu au Collège de la Sainte

Famille, dirigé par les Jésuites. Si le lecteur veut bien se souvenir de ce que j'ai dit à propos du collège d'Alexandrie, il ressentira l'impression que m'a causée la vue du magnifique établissement du Caire. Je n'ai pas rencontré le père Collet, il était dans les maisons que les Jésuites cherchent à fonder du côté d'Abydos ; mais il a été très bien remplacé par le père Nourrit qui m'a donné tous les renseignements imaginables, et m'a montré en détail le résultat de leurs travaux. C'est un vieil Egyptien, il est arrivé en 1880 — avant les Anglais —, la France était toute puissante alors, tandis qu'aujourd'hui la situation est bien changée.

Au point de vue de l'influence française comme point de vue de leur importance numérique, il ne faut pas négliger les écoles de filles ; la plus considérable est celle des Sœurs du Bon-Pasteur. Elles ont au Caire deux établissements, l'un situé dans la Mouski au milieu du quartier arabe, c'est le siège de leur externat gratuit, qui compte sept cents élèves environ, non compris leur externat payant ; l'autre à Choubra sur le terrain qui leur fut donné par le Khédive Ismaïl, où elles ont construit un pensionnat magnifique, au milieu d'une végétation tropicale, qui est un des plus beaux établissements fondés en Egypte : à côté de leur pensionnat, un orphelinat et une école gratuite reçoivent toutes les jeunes Arabes de cette banlieue très peuplée du Caire. Elles élèvent deux mille jeunes filles, elles sont établies depuis quarante-cinq ans. Combien d'enfants ont-elles élevées ! Quel bien elles ont fait au point de vue de l'influence française! Toutes ces jeunes filles apportent dans leur famille des habitudes françaises, gardent le souvenir de la maison où elles ont été élevées, et quand elles se marient, elles apprennent à leurs enfants à aimer la France et à parler sa langue.

La France a encore une grande influence, mais il faut bien se convaincre que pour la conserver, il faut que l'on se mette en face de la position créée par la nature de son protectorat. Ces réflexions me sont suggérées par la messe consulaire française à laquelle je viens d'assister, en plein Mouski où est située la cathédrale catholique. Autour de l'église la circulation est interdite, c'est aujourd'hui jour de Pâques, et le ministre de France vient officiellement à la messe. Il arrive, précédé de six cawas, porteurs de leurs grandes cannes et armés, suivi de toute sa légation, accompagné de tous les notables Français qui sont au Caire. Il est reçu à la porte de l'église par le clergé, qui le conduit à sa place ; il est seul en avant sur un fauteuil. On peut facilement se rendre compte de l'effet produit sur la population mahométane, par la vue de ce cortège réellement imposant, de la portée que peuvent avoir, au point de vue de l'influence française, ces respects, ces gardes et toute cette solennité, à laquelle viennent encore s'ajouter les précautions de police que le gouvernement Egyptien est forcé de prendre.

Je suis allé au bazar bien souvent, pendant que je suis resté au Caire ; nous avions l'habitude d'aller, avec mon ami d'A., chez un marchand qui nous montrait des choses ravissantes, mais très chères ; comme compensation, il y avait un fabricant d'orangeade glacée excellente qu'il nous faisait mélanger à du café turc, de sorte que nous retournions très souvent chez lui. Avant de partir j'y suis revenu, j'avais conscience de lui avoir fait perdre trop de temps et bu trop d'orangeade, j'ai acheté chez lui quelques tapis, je les ai eus pour le quart de ce qu'il m'en avait demandé, je n'ai pas beaucoup marchandé, et un aimable Russe qui était de nos connaissances, le prince K., m'a affirmé que j'avais été consciensieusement volé. Mais il avait de si bon café !

Daninos Pacha veut avoir ma dernière journée, comme il a eu ma première soirée ; c'est un ami parfait et un guide incomparable, la visite qu'il m'a fait faire à Memphis et au Serapeum de Sakhara en est une nouvelle preuve. Il avait invité à cette partie quelques dames, ses deux petits garçons et moi : nous avons pris le chemin de fer de la haute Égypte, qui nous a conduits jusqu'à la station de Bedrachein. Daninos, comme un général en chef, s'est occupé de tout, des vivres qu'il a commandés à l'hôtel, des montures qu'il a fait venir dans le train avec nous. Rien n'est plus drôle que d'assister à l'embarquement de ces huit ânes ; il paraît qu'ils n'ont pas une grande habitude du chemin de fer, ils font toutes les cérémonies du monde pour monter dans les bagnoles que le Pacha avait fait ajouter au train ; enfin moitié par persuasion et moitié par force, nos coursiers et leurs « dunkyboys » sont embarqués. Nous arrivons à Bedrachein.

Après un temps assez long, montures et cavaliers se mettent en marche. Il y avait aussi une voiture (?) pour celles de ces dames qui craignaient la fatigue, je ne puis pas rendre la forme de cet équipage qui devait nous suivre sur la « *piste* » qui conduit à Memphis ; pas plus que je ne puis décrire la façon dont le bourricot était attelé ; mais enfin il marchait puisqu'il est revenu à Bedrachein ; les dames prétendent seulement qu'elles étaient très fatiguées, je le crois sans peine, nous sommes passés par de tels chemins ! Nous avons mis une heure pour arriver à la pyramide à degrés de Sakhara qui n'est pas aussi élevée, tant s'en faut, que la pyramide de Gizeh ; elle est curieuse surtout, parce que c'est le monument le plus ancien de l'Egypte et du monde : elle date de quatre à cinq mille ans avant J.-C. C'est à l'aide de stèles ou dalles de pierres, et des renseignements fournis par les égyptologues que l'on a pu fixer sa date approximative (1). Elle est bien conservée. A quoi

(1) Daninos, Ledoux éditeur : Monuments funéraires de l'ancienne Egypte.

a-t-elle pu servir ? A-t-elle été le tombeau d'un roi, ou d'un bœuf Apis ?

A peine avions-nous fini d'admirer la pyramide à degrés de Sakhara, que nous étions de nouveau en selle pour aller, toujours dans le désert, au tombeau de Ti. Il avait été recouvert par le sable, comme toutes les autres tombes de la nécropole de Memphis ; on y descend aujourd'hui par un plan incliné. Daninos est toujours avec nous, j'ai la chance de voir par ses yeux, et de lire, grâce à son érudition, tous ces tableaux égayés par de vives couleurs qui rappellent quelques-uns des faits de la vie de Ti. Il faudrait avoir des appareils photographiques pour pouvoir bien faire saisir au lecteur la vérité, de ces barques à voile, de l'empâtement des oies et des grues ; pour leur faire comprendre l'exactitude de ces tableaux, représentant : des serviteurs qui apportent des offrandes ; des moissonneurs ; des ânes chargés d'un sac de blé ; des bœufs passant un gué ; Ti chassant l'hippopotame. C'était un contemporain de la cinquième dynastie, c'est dire qu'il vivait probablement trois mille ans avant J.-C.

Mais ce n'était pas le seul but de notre course, nous devions voir aussi le Sérapeum de Memphis. C'était une très grande ville qui s'étendait sur une demi-journée de marche, depuis les pyramides de Gizeh jusques et plus loin que la pyramide à degrés de Sakhara. De cette immense ville, il ne reste plus rien que quelques ruines. On ne peut parler du Sérapeum sans penser à celui qui l'a découvert, à Mariette bey. Je ne connais pas bien l'étymologie du mot Sérapeum — lieu où l'on enterrait les bœufs Apis, qui, selon une fiction de la religion egyptienne, se confondaient après leur mort, et après avoir été embaumés comme des hommes, avec Osiris, un des plus puissants Dieux et le plus universellement adoré par les Egyptiens.

Il parait qu'autrefois il y avait un temple pour glorifier Apis-Osiris, qui était situé au-dessus du Sérapeum ; il n'en reste plus de trace aujourd'hui. Nous sommes immédiatement descendus dans les galeries creusées dans le roc qui constituent le Sérapeum actuel. Mariette a été mis sur les traces de cette magnifique découverte, un jour qu'il parcourait le désert, qui est aujourd'hui appelé la plaine de Memphis. Il vit une tête de sphynx, il fit déblayer ; travail gigantesque : il y avait au-dessus du sol une couche de sable de six à vingt mètres de hauteur. Il découvrit une quantité de sphynx qui le conduisirent au Sérapeum dont ils formaient l'avenue ; il était à l'entrée des magnifiques hypogées où étaient déposées les Apis. Nous entrâmes dans ces souterrains immenses, ils ont un développement de trois cent cinquante mètres (1).

Nous nous attendions à les parcourir, une bougie à la main, comme les parcourent tous ceux qui

(1) Daninos : Monuments funéraires Egyptiens. Leroux éditeur, Paris, 1899, p. 259.

viennent les voir. Daninos, qui a été le collaborateur de Mariette et de Maspero, avait voulu que nous vissions royalement ces splendides souterrains, il avait fait illuminer toute leur étendue qui nous sembla infinie. C'est un des plus beaux spectacles que j'aie vu et qu'ont pu voir tous qui étaient avec moi. A droite et à gauche les chambres où ont reposé les taureaux-Apis, dans de gigantesques sarcophages d'un seul bloc, en granit poli noir ou rouge ; les chambres, qui contiennent ces tombeaux, sont voûtées, et le sol lui-même est revêtu de pierres. Daninos avait fait tout cela avec une maestria égyptienne, et s'il avait eu la pensée de vouloir que tous ceux qu'il amenait, même les moins Egyptologues, fussent dans l'admiration, il a complètement réussi.

De mon voyage en Egypte, j'ai rapporté quatre impérissables souvenirs : Karnak, la cataracte du Nil, les Pyramides de Gizeh, vues au clair de lune et le Sérapeum illuminé. Le lecteur devine quelle ovation nous avons faite à cet excellent Pacha, mais ce que je dois ajouter pour ôter à chacun l'envie de le penser, c'est que ma description ne peut donner qu'une bien faible idée de la splendeur de ce spectacle.

Mais l'admiration ne remplaçait pour personne le déjeuner ; il était midi et demi, nous avions une grande demi-heure de marche pour arriver à la maison de Tigrane Pacha qui, très lié avec Daninos, avait bien voulu la lui prêter pour nous recevoir. Nous sommes repassés par le plateau de sable sur lequel est construite la maison de Mariette, où nous aurions été obligés de déjeuner si notre aimable Pacha n'en avait autrement décidé. Nous avons regagné les terrains cultivés qui bordent toujours ici le désert, et nous sommes arrivés, après une cavalcade ravissante, et sans encombre, par un bois d'oliviers qui forme la limite du désert, à la maison de Tigrane, assise au milieu d'un bois de dattiers et d'acacias Tebeck ; c'est dans ce site ravissant que se termine notre journée que Daninos a rendue si agréable. Nous avions, en déjeunant, la vue des dunes de sable que surmontent les onze pyramides de Sakhara, à côté de nous les colossales statues de Rhamsès II, plus près la végétation de l'Egypte dans ce qu'elle a de plus exubérant et le souvenir du Sérapeum illuminé dont nous ne pouvions détacher notre pensée.

Rentré au Caire, il faut se préparer à partir ; je vais prendre mon Tezkéré, un passe-port spécial qu'ont inventé les Turcs pour voyager en Asie Mineure. Il paraît que ceux délivrés par la France ne sont pas suffisants, ou plutôt c'est une mesure fiscale, qu'ils ont créée, pour se procurer des ressources ; je ne comprends pas que la France le tolère. Cependant je ne puis pas douter de leur utilité pratique, car c'est notre ministre lui-même qui m'a engagé à prendre ce Tezkéré dont j'ai, du reste, pu constater plus tard l'absolue nécessité.

Après avoir profité de cette occasion pour remercier M. Cogordan de toutes ses amabilités et de l'intimité dans laquelle il m'avait reçu, j'ai serré la main de mon bon ami Daninos et entrepris mon dernier déplacement en Egypte : je suis parti pour l'isthme de Suez.

CHAPITRE VIII

SUEZ.

Le chemin de fer qui m'a conduit du Caire à Ismaïlia était bondé, tout le monde quitte l'Egypte en ce moment et se sauve vers des climats plus frais ; on passe très souvent par le canal, on a chance d'y rencontrer des places, sur les grands navires qui reviennent de l'Inde ou de la Cochinchine. Puis l'œuvre de M. de Lesseps est tellement admirable qu'il n'y a pas un voyageur qui vienne en Egypte sans vouloir en constater les résultats. Pas plus que les autres, je n'échappai à ce désir de voir, qui est si fortement ancré en moi ; j'allai donc visiter l'isthme de Suez. Grâce à mon ami Daninos, j'avais fait la connaissance d'un très haut fonctionnaire du canal qui, avec une amabilité parfaite, m'avait donné une lettre pour le chef du transit, le chargeant de me montrer tout le canal, de me faire remonter jusqu'à Suez, de me faire faire enfin une visite détaillée.

Tout le monde connait le grandiose travail de M. de Lesseps, mais ce qu'on ne remarque pas assez, c'est la transformation du pays, qui n'était qu'un désert, dont il a fait un pays cultivé et riche et qui le deviendra plus encore. Je suis arrivé à Ismaïlia par Zagazig d'où part l'embranchement de Mansourah, j'ai suivi le canal d'eau douce qui fertilise sur son passage des terres autrefois incultes, donne de l'eau potable sur tout le parcours du canal maritime, a transformé Suez et donné naissance à Port-Saïd. Ce serait déjà un beau titre de gloire pour M. de Lesseps quand il n'aurait fait que cela, mais qu'est-ce auprès du canal maritime ? A peine arrivé, je me mets à la recherche de M. Tillère, chef du transit, auprès duquel m'avait accrédité M. de Serionne, qui représente auprès du vice-roi la compagnie du canal, et auquel il avait eu la complaisance de m'annoncer. Les contre-temps commencent. M. Tillère me dit qu'il a tout préparé pour que je puisse voir et bien voir le canal maritime, mais qu'il y a un navire anglais chargé de troupe, ensablé dans le canal, et qu'il craint de ne pouvoir mettre à ma disposition sa chaloupe à vapeur qu'après-demain. Je vais au port avec lui ; je vois, à l'entrée du lac Timsah, le navire objet de mes préoccupations, non pas parce qu'il est anglais, mais parce qu'il m'empêche de partir. M. Tillère avait la bonté de m'expliquer toutes les difficultés qu'avait eues à vaincre M. de Lesseps, les travaux gigantesques qu'il avait faits, et les obstacles bien plus considérables encore que les Anglais avaient apportés à son œuvre, lorsqu'on vint lui annoncer que la *Britannia* est à flots et que le canal est libre ; donc, nous partirons demain à midi. Je profite des quelques instants de jour qui me restent pour visiter la villa de Lesseps, où est établi M. Tillère, il a la bonté de me faire voir l'organisation de tous les services, c'est admirable de précision et de simplicité ; un télégraphe privé le met en relations avec Suez, Port-Saïd et toutes les stations de garage. Il apprend qu'un cas de peste vient d'être constaté à Alexandrie — deuxième contre-temps, une quarantaine en perspective — Que tout ici est vert et frais, quelles jolies fleurs ! Ce lac Timsah auprès duquel a été créé Ismaïlia et qui n'était qu'un marais infect autrefois est une petite mer. On a peine à penser qu'il y a quarante ans tout cela était un désert et que rien n'existait.

Le lendemain à midi nous nous mettons en route ; je suis maintenant sur le canal qu'a créé M. de Lesseps auprès duquel on lui a élevé une statue, pendant... que dans sa patrie, cet homme vieilli et fatigué, était en butte à d'infâmes attaques. Jetons un voile sur ces turpitudes auxquelles la politique n'était pas étrangère, et voyons ce qu'a fait ce grand Français, car nul n'a mieux mérité ce titre. Il était bien jeune, trente ans à peine, lorsqu'étant en Egypte, en mission diplomatique, il eut la première idée de cette grande œuvre. Il retrouve le mémoire adressé par Lepère à Napoléon, car toutes les idées que l'on met successivement en œuvre en Égypte viennent de lui.

La pensée de mettre la mer Rouge en communication avec la Méditerranée est aussi ancienne que l'histoire ; elle a été réalisée en partie à l'époque de Sésostris, dit Hérodote, mais ce n'était alors qu'une voie utilisable pour les trirèmes qui, par le Nil et un canal, passaient de la Méditerranée dans la mer Rouge. Plus tard ce canal fut ensablé et perdu pour la navigation au huitième siècle : c'est mille ans plus tard que Lesseps reprit cette idée grandiose. Il était dans les meilleures conditions, la politique de la France était toute puissante en Egypte, ses relations personnelles avec Mehemet-Ali (1), qui lui témoignait une reconnaissance affectueuse allant presque jusqu'à l'intimité ; il usa de tout cela dans l'intérêt de la France parce que ce fut elle qui eut la gloire de mener à bien cette immense entreprise. Il créa de toutes pièces la compagnie pour laquelle un firman de concession était signé en 1854 ; il fallut cinq années pour réunir les fonds, et décider cette question primordiale : le niveau des deux mers. Lepère avait constaté une différence de dix mètres ; en 1844, M. Bourdaloue avait reconnu les erreurs de Lepère ; ce n'était qu'une différence de huit cen-

(1) Le père de M. Lesseps avait désigné le père de Mehemet-Ali à la confiance de l'Empereur pour recevoir le pouvoir en Egypte et les gouvernements Européens l'avaient nommé.

timètres ; la commission internationale et l'expérience ont donné raison à cette appréciation.

Mais de Lesseps avait compté sans les Anglais ; le jour où le premier coup de pioche fut donné à Port-Saïd, leur hostilité devint sérieusement menaçante Ils avaient dit que c'était une entreprise insensée, leurs propres ingénieurs répondirent qu'elle était possible ; ils avaient dit que jamais on ne trouverait l'argent nécessaire, il était trouvé ! La Porte ottomane servit ces petites jalousies et fit à Lesseps des difficultés qui mirent le percement de l'isthme à deux doigts de sa perte, il en triompha - mais au prix de quelles démarches, de quelles insistances — surtout par la volonté du gouvernement Français.

Pourquoi les Anglais étaient-ils si acharnés contre une œuvre dont ils devaient profiter ? Ils ne pouvaient se consoler d'abord que ce fût un Français qui fût le créateur de cette entreprise dont ils prévoyaient les résultats immenses, ensuite parce que Marseille était, par le canal de Suez, plus rapproché de Bombay de quatre cents lieues environ que Liverpool et qu'ils craignaient qu'une partie de leur commerce prît cette voie. Depuis lors, que voyons-nous ? l'acquisition du canal par les Anglais ! C'est la faute de notre gouvernement ; mais cela prouve avec évidence l'intérêt que les Anglais prenaient à l'affaire de Suez ; l'occupation du canal et de l'Egypte, c'est la faute de notre gouvernement, mais cela montre que les Anglais ont reconnu l'utilité de cette percée qu'ils ont tout fait pour l'empêcher.

M. de Lesseps a triomphé de tout, il est à l'œuvre, et crée Port-Saïd complètement, il fait une ville et un port, il creuse un chenal dans des marais qui formaient le lac Menzale ; puis il passe en terrain sec à l'aide de travaux énormes, pour lesquels l'industrie invente des instruments spéciaux : le canal est creusé. On y voit Kantera, une ancienne station de la route de Syrie en Egypte, Tsané, l'antique résidence des Pharaons, où Mariette a trouvé des sphinx portant le cartouche du Pharaon qui régnait à l'époque où Joseph arriva en Egypte Nous sommes en plein pays biblique ; près de Tsané, Moïse fut déposé dans une branche du Nil. Cela est possible à concevoir quand on considère que le pays de Guessen, habité pendant quatre cents ans par les Juifs, est tout voisin de cette partie du fleuve.

Le créateur du canal n'était plus séparé du lac Timsah que par le seuil d'El Guise ; la Méditerranée le remplit peu à peu, et à présent c'est un port intérieur excellent. Du jour où l'eau arriva dans le lac de Timsah, le problème fut résolu, ce n'était plus qu'une question de temps, l'œuvre marchait très vite. Ismaïlia sort de terre, elle a tout à fait la physionomie d'une ville Française, avec une école tenue par les pères de Terre-Sainte et une autre par les Franciscaines, dans lesquelles on étudie et on parle le français, du reste le canal de Suez est une terre française.

En quittant Ismaïlia, le canal passe à travers des dunes de sable qui vont se confondre par des pentes insensibles avec le seuil du Serapeum — un autre Serapeum que celui de Memphis — que l'on a dû déblayer pour faire passer le canal et lui permettre d'arriver dans les lacs Amers. Ici il n'y a qu'à remplir, car le fond est à peu près partout de neuf mètres au-dessous du niveau de la mer. Mais il faut remplir une réservoir énorme et on estime qu'il a fallu un milliard cinq cent millions de mètres cubes d'eau et plusieurs mois.

On prétend que les Hébreux ont traversé à cet endroit la mer à pied sec, et voici l'explication que l'on donne à ce miracle fameux du temps passé. De longues et savantes recherches ont démontré que ces lacs, au temps de Moïse, devaient être en communication avec la mer Rouge, que s'ils étaient à peu près à sec à marée basse et par les vents violents du nord-ouest, à l'époque des marées hautes et par les vents du sud ils devaient s'emplir. Or, il est certain, d'après les documents historiques, que ce fut aux environs de ces lacs et après une tempête violente qui les avait à peu près mis à sec, que Moïse eut l'idée de génie de faire passer les Hébreux. Le Pharaon, dans l'ardeur de la poursuite, ayant voulu tenter le passage, dût être surpris par la marée qui arrivait avec une extrême rapidité, poussée par un fort vent du sud ; aujourd'hui encore il y a des époques où elle monte jusqu'à un mètre cinquante.

Telles étaient les explications techniques, les faits scientifiques par lesquels M. Tillère charmait ce qu'il appelait la longueur du voyage, — cinq heures qui ont été pour moi si intéressantes.

Pendant que notre bateau avançait vers Suez, nous croisions en route de grands navires, qui arrivaient de l'Inde et de la Chine ; tous les mille mètres il y avait une station de garage, pour permettre à ces immenses vaisseaux de se croiser ; notre petit vapeur passait — pygmée à côté de géants — avec la plus grande facilité. En sortant des lacs Amers on traverse le seuil de Chalouf, et on entre dans la plaine de Suez, qui pendant quatorze kilomètres ne donna aucune peine à M. de Lesseps, il n'eut qu'à la draguer pour que cette œuvre titanesque fût accomplie. Ce canal que je viens de parcourir, dont j'ai essayé de donner un résumé, est bien une œuvre de Titans : ce qu'il a fallu de volonté intelligente est incalculable. Créer des ports à l'aide de chaux et de sable, improviser des villes comme à Port-Saïd et à Ismaïlia, éventrer des montagnes comme les seuils d'El-Guiser, du Serapeum, du Chalouf, prendre aux fleuves leurs eaux fertilisantes, les forcer à venir en plein désert irriguer les plaines et apporter partout la vie, la santé, l'abondance, c'est le rôle du canal d'eau douce ; détourner les mers, les amener à remplir au sein des terres des vallées immenses, les réunir, les déverser l'une dans l'autre comme aux lacs Amers : voilà l'œuvre de M. de Lesseps.

J'avoue que l'idée que je m'en étais faite n'était pas à la hauteur de l'impression que m'a causée la vue de l'isthme, accompagnée des explications que l'on me donnait sur place. Au contraire, cette vue a augmenté la conviction que j'avais de l'imbécillité de nos gouvernants — je ne veux pas penser qu'ils ont pu comprendre, parce que je serais obligé d'employer un autre mot — qui laissent l'Angleterre acheter au vice-roi deux cents mille actions du canal, donnant ainsi aux Anglais presque la majorité dans le conseil d'administration et dans l'assemblée générale. On croirait que l'on exagère, eh bien ! ils ont fait plus encore, ces hommes coupables, car c'est une trahison à l'égard de la France. Après avoir perdu l'Egypte, j'ai dit comment ils ont abandonné la suprématie de la France qui existait depuis Napoléon ; ils ont trouvé le moyen de faire davantage, ils ont laissé mettre à Suez, qui est une œuvre éminemment Française, une garnison anglaise ! et cela sans raison, sans menace, car l'Angleterre nous offrait de débarquer nos marins dans l'isthme. Ils n'avaient pas même le prétexte, si souvent invoqué, de ne pas créer d'incident diplomatique ; ils n'avaient pas l'excuse de ne pas savoir, tout le monde le leur a dit — leurs agents comme tous les résidents. Tout le monde les a avertis, les religieux comme les autres, ils n'ont rien voulu entendre, rien voulu croire. Et nous sommes obligés de nous demander quel a pu être leur mobile ? C'est un bien redoutable point d'interrogation que l'avenir posera à leur patriotisme et à leur conscience d'hommes d'état !

A peine arrivé à Suez, je me suis rendu compte.... que je n'y étais pas ; le canal finit à Port-Tewfik qui est situé un peu en avant et au nord-ouest de Suez proprement dit. Pour aller dans la ville qui est assise au fond d'une baie complètement à sec à marée basse, il y a un petit chemin de fer qui conduit à Ismaïlia, et enfin à Port-Saïd : c'est par cette voie que je partirai demain. J'ai donc très peu de temps, qu'il faut bien employer. Je frette une barque et je vais me promener dans la mer Rouge, je m'y baignerais volontiers, mais je me souviens à temps, que M. Tillère m'a dit qu'il y avait des requins, ce qui refroidit un peu mon désir. La rade, une des plus belles que j'aie vue, est assez considérable, inégalement profonde, elle entoure Suez proprement dit d'une série de bas-fonds qui nuisent à son développement. La transparence de ses eaux, d'un vert très accentué, est si grande que lorsque le temps est beau on voit très bien, par sept ou huit brasses de fond. les coraux qui y sont très nombreux, des plantes et des animaux marins. On y vient souvent du Caire pour jouir dans la splendeur des jours africains, du spectacle d'une indescriptible beauté que procure cette entrée dans la mer Rouge qui,malgré son nom et sous les rayons d'un soleil ardent, produit à l'œil comme un scintillement d'émeraudes ; la vue n'est arrêtée que par les pentes du Sinaï à l'est et par celles du mont Ataka à l'ouest.

On va très facilement aux sources de Moïse, situées en Asie, à dix kilomètres environ ; pour dire que l'on y a été, c'est une course que l'on peut faire, mais il n'y a rien de curieux, ni antiquités, ni vue. Il vaut bien mieux passer son temps à Port Tewfik, une ville créée de toutes pièces par M. de Lesseps, en y déchargeant les masses de terre dues au creusement du canal, elle contient les bassins de la compagnie, les docks, les bassins de radoub et, à l'extrémité de son môle, le port Ibrahim où cinquante grands navires peuvent être facilement enfermés. Quelques habitations presque uniquement destinées aux fonctionnaires, et un bon Hôtel appartenant à la compagnie, composent cette annexe de la ville de Suez, à laquelle elle est reliée par une jetée de pierres de trois kilomètres, sur laquelle circulent, côte à côte, le chemin de fer et la route. J'y suis allé à âne.

Sauf la place des caravanes de l'Arabie qui est assez considérable, ni le quartier Européen, ni le quartier indigène ne valent la peine d'une visite, c'est plutôt pour dire que l'on est allé dans cette ville qui compte vingt-sept mille habitants, et qui n'était au moment de la construction du canal qu'une petite bourgade.

De Suez à Port-Saïd, le chemin de fer emprunte

un moment un petit coin du désert, et suit ensuite le canal, surtout dans le parcours d'Ismaïlia à Port-Saïd. Nous y arrivons le soir ; il n'y a rien à voir, les hôtels sont très mauvais. Je ne suis donc pas fâché d'aller tout de suite à bord de *La Vénus* qui va me conduire à Jaffa où je purgerai ma quarantaine, car je suis pestiféré..., les nouvelles du télégraphe de la compagnie de Suez étaient vraies, un homme est mort à Alexandrie d'une maladie inconnue, tout de suite on a dit que c'était la peste. Le Sultan est très poltron, il va mettre les provenances d'Egypte en quarantaine ; combien durera-t-elle ? C'est ce que personne ne sait ; je vais donc chercher une cabine, pour le reste je m'en remets à la Providence.

Le bateau est un Lloyd, tous les domestiques ne parlent qu'italien, ce qui n'est pas étonnant, son port d'attache est Trieste ; tous les passagers sont Anglais, hormis un Français qui m'a été bien utile par la suite ; ce qui est plus malheureux, c'est que la propreté est italienne aussi.

Lorsque nous arrivons à Jaffa le lendemain matin, on nous annonce que le Sultan a fait mettre une quarantaine de deux jours, et, ce qui est plus désagréable, qu'il nous faudra aller à Beyrouth pour la subir. Heureusement le temps est beau, le bateau marche bien, nous arrivons à notre mouillage avant six heures du soir, ce qui est très important pour que la Santé puisse faire partir notre quarantaine de la soirée même de notre arrivée ;

sans cela nous devrions rester à l'ancre toute la nuit à attendre le médecin : il ne se dérange pas de six heures du soir à six heures du matin.

Jaffa ne me produit pas un effet très pittoresque du point éloigné où je l'ai pu voir, je ne sais pas si lorsque j'y reviendrai je changerai d'avis : sa rade est détestable, et son port me fait l'effet d'être inabordable.

Beyrouth me produit une tout autre impression — de très loin aussi. — Nous restons en rade, mais une rade abritée, excepté contre les vents du nord ; on voit le Djebel et le Keneiré, montagnes assez élevées puisque l'on aperçoit leurs sommets couverts de neige, les monts Liban que nous traverserons en allant à Damas ; puis, faisant autour de Beyrouth une ceinture de verdure, de magnifiques jardins à la luxuriante végétation qui se continuent à droite et à gauche, dans les quartiers Sursok et du Ras Beyrouth. Tout cela est “ terre promise ” pour nous en ce moment, notre navire approche des bâtiments du lazaret, édifice construit spécialement pour cette destination, et que l'on me dit être éloigné du confortable le plus vulgaire. Heureusement nous n'en ferons pas usage, on nous donne notre bateau pour prison ; j'avoue que je n'en suis pas fâché, deux jours sont bientôt passés, même avec une propreté douteuse, comme celle de *La Vénus*, qui fait mentir son nom.

Nous sommes réveillés, à quatre heures du matin, par la visite du médecin de la quarantaine, je trouve l'heure un peu matinale, mais enfin nous sommes une centaine de passagers en première, il y en avait au moins autant en seconde, je ne parle pas des troisièmes ni des passagers du pont qui étaient très nombreux. Je me disais qu'il fallait du temps pour voir, au moins, cinq cents personnes, sans compter le personnel du bateau. Tout en maugréant, j'étais satisfait tout de même ; je me disais que la quarantaine était bien observée, les précautions médicales bien prises, et que les désinfections seraient bien faites. J'avais compté sans les habitudes Turques, tout est en façade dans ce pays là : pourvu qu'on ait l'air de faire quelque chose, tout a la prétention d'être bien. J'en ai eu la preuve tout de suite.

Dans la grande salle à manger où nous nous retrouvions une heure après, le médecin Turc, celui du bord, et le commandant de *La Vénus* étaient réunis..... pour déjeuner ; cela a bien duré une bonne heure. Après quoi, le docteur Turc ne nous a pas vus, ne nous a rien demandé, ne nous a pas fait comparaitre devant lui, mais est resté pendant une heure à comparer le chocolat et le café au lait des passagers ; s'il avait été inspecteur des cuisines au lieu d'être inspecteur du service sanitaire, il eût magnifiquement rempli son devoir. Je ne l'ai pas suivi dans ses visites aux autres classes, j'ai tout lieu de croire que l'inspection a été aussi bien faite ; j'ai vu, par exemple, le soin extrème qu'il a eu de l'équipage ; pour cette fois, il l'a fait comparaitre.

C'est une scène que je veux raconter : Le médecin se place avant la coupée du bateau, tous les matelots, chauffeurs, domestiques, femmes de chambres, sont massés à l'arrière : quand ils sont au complet, un officier leur indique la route, et ils passent devant le docteur *au pas gymnastique*, lui tirent la langue sans s'arrêter, sans lui dire un mot, et ils retournent à leurs occupations ; c'est fini pour la journée. Je me trompe, on est venu avec une pompe à désinfection,on a projeté quelque chose dans le salon des premières, dans les cabines et dans tout le reste du bâtiment ; cela n'a pas été long, mais ç'a été mal fait, nous n'avons pas ouvert nos malles, on n'a pas désinfecté notre linge sale, enfin on n'a pris aucune précaution.

Le lendemain, on nous annonça que nous devions aller au lazaret pour être désinfectés. Ah ! pour cette fois, me disais-je, ça va être sérieux. J'aurais l'ambition d'avoir, pour un instant seulement, le fouet des Satires de Molière, pour rendre ce que nous avons vu dans le lazaret ; pour faire bien comprendre au lecteur la comédie à laquelle nous avons assisté, il faudrait mélanger le *Médecin malgré lui*, le *Bourgeois gentilhomme*, et l'*Avare* ; le sérieux et le calme du médecin, la rapacité de son aide et l'ahurissement des Anglais formaient un tout inénarrable.

Une armée de chaloupes part du bord, tous les voyageurs de première vont être désinfectés à la fois, le commandant nous avertit qu'il faut emporter tous nos bagages à main. Quelqu'un d'avisé et qui n'en était pas, je crois, à sa première quarantaine, me dit, en me voyant préparer ma valise et mon sac : « N'emportez pas tout cela, il leur suffit de « donner un semblant de satisfaction à leur devoir, « imitez-les, ne vous chargez pas inutilement, « emportez votre sac vide, on ne l'ouvrira même « pas. » Je suis ce bon avis, j'emporte mon sac vide et je prends place dans le canot du commandant.

Quelle charmante promenade nous avons faite ! Le temps était magnifique ; ce bel éclairage de l'Orient irradiant de tous ses feux la magnifique rade de Beyrouth, c'était une véritable fête pour les yeux que ces deux kilomètres en mer que nous avions à faire. Les débris des vieilles fortifications qui, comme un témoignage du passé, semblaient avoir été respectés pour nous faire regretter leur disparition, bordaient la mer. Dans un petit coin, au-dessus d'eux, comme pour bien attester l'effondrement du passé, les couvents de toutes les communautés chrétiennes, disséminés sur chacune des hauteurs des contreforts du Liban, viennent affirmer que Beyrouth est bien la capitale du christianisme en Syrie ; comme fond de tableau, au loin, le port rempli de vaisseaux, les quais où la foule cosmopolite grouille dans toutes les splendeurs et toutes les misères des toilettes orientales.

Nous débarquons enfin. Quelques Anglaises, plus éprouvées que nous par les hazards de la traversée, sont bien aises de retrouver le " plancher des vaches " ; nous nous empressons de les aider. Nous sommes dans la salle de désinfection, il n'y a pas de médecin : un secrétaire seulement nous demande nos noms, écrit quelques mots sur un imprimé, ne nous demande... pas de nouvelles de notre santé, ni d'où nous venons, mais... vingt piastres pour deux jours de quarantaine. Après cela, chacun passe sous un jet de pompe qui doit désinfecter le passager et ses bagages que l'on n'ouvre pas — c'est fini. Nous allons alors dans un jardin minuscule d'où nous ressortons presque aussitôt pour passer devant le médecin assis sous un arbre, garanti du soleil par un parasol et fumant son éternelle cigarette ; il ne nous a rien dit, nous ne lui en avons pas répondu davantage, ainsi finit " cet aimable entretien ".

Nous étions désinfectés, nous pouvions aller et venir librement dans les états de Sa Hautesse : c'est ce que l'on appelle faire une quarantaine en Turquie. Heureusement pour nous ce n'était pas sérieux, car s'il avait fallu habiter dans les bâtiments (?) préparés pour nous recevoir, que serions-nous devenus, grands Dieux ! Il n'y avait pas de lit, je n'ai vu que deux chaises, une pour le médecin, l'autre pour son aide ; pas de canapé, aucun des meubles qui ornent les plus modestes hôtels, les fenêtres brisées, les carreaux cassés. Je comprends qu'ils aient décidé que notre bâtiment serait notre lieu d'internement ; ils auraient bien mieux fait de nous faire payer quarante piastres au lieu de vingt et de nous laisser tranquilles. Mais Beaumarchais a fait dire, il y a longtemps, à Bridoison — *la foorme* — nous lui devons l'escobarderie à laquelle nous venons d'assister.

Revenons à bord. Les Anglais et les Américains qui étaient avec nous improvisent une charade pour le soir ; nous avons assisté à cette tentative pour faire de l'esprit sur le dos des médecins Turcs : elle n'a pas été suivie de succès, d'où cela vient-il ? je ne me chargerai pas de l'expliquer, je me borne à le constater. Ce qui m'importait bien davantage, c'est que nous étions libres de repartir pour Jaffa.

CHAPITRE IX

LA PALESTINE

Jaffa, impression française. — Arrivée à Jérusalem. — Premières impressions sur le St Sépulcre. — Vallée de Josaphat et jardin des Oliviers. — Visite au consul et au patriarche Grec. — Le couvent de N.-D. de Sion. — Bethléem.

Le premier sentiment que j'ai éprouvé, en arrivant en Palestine, a été une impression française, je ne dis pas en débarquant, je laisse de côté, les cris et le désordre inséparables d'une arrivée en Orient. Mais à peine installé dans la barque, dans laquelle M. Guérin, agent des Messageries maritimes, avait bien voulu m'offrir l'hospitalité, j'eus la sensation d'être en France; les idées, les sentiments, le langage, tout vient à nous, comme du reste dans toute la Syrie. Or, comme partout ailleurs, le gouvernement profite très mal de cette bonne volonté. A côté de rivaux qui donnent à profusion leur temps et leur argent, nous soutenons à peine les œuvres qui sont établies. Les autres nations cherchent à fonder une influence qui n'existe pas, et que les ladreries de l'empereur d'Allemagne, lors de sa visite récente, n'auront pas aidé à faire naître. La France, que tout le monde désire, n'a en quelque sorte qu'à accueillir une population qui ne demande qu'à venir à elle : et nous ne faisons rien pour aider ce mouvement ! Les subventions que la commission du budget veut supprimer, devraient au contraire être augmentées, de nouvelles écoles devraient être créées : Jaffa en est la preuve irrécusable. On a fondé une école de Frères, il y a une dizaines d'années ; je voudrais savoir combien rapporte à la France, à son influence, à sa langue, l'œuvre qui a été entreprise ? J'ai visité cette école, j'ai vu à l'œuvre ces Frères de la doctrine chrétienne, et mon plaisir a été complet, d'entendre enseigner le français par des Français aux portes de Jérusalem.

A Jaffa il y a deux hôtels, l'un, que recommande Cook, l'hôtel de Jérusalem, que je conseille à tout le monde d'éviter, l'autre, l'hôtel du Parc, qui est meilleur, mieux situé, et n'a pas l'inconvénient de ces inscriptions judaïco-protestantes qui ont le don de m'agacer ; et puis, défaut plus grave encore pour nous, c'est le seul lieu à Jaffa où il n'y ait que le chef de l'établissement qui parle français. Cette longue digression faite pour ceux qui auraient envie d'aller à Jérusalem. J'ai vu la chambre où Napoléon a touché les pestiférés de Jaffa, fait historique retracé par un tableau fameux déposé au Louvre ; la maison de Simon le corroyeur, où saint Pierre eut la vision rapportée dans les actes des Apôtres, et, chose beaucoup plus tangible et sur laquelle il ne peut y avoir de doute, l'hospice que M. Guinet a fait construire et pour lequel il dépensa une partie de sa fortune.

La ville ne vaut pas la peine d'une description ; des rues très sales, des passages voûtés comme nous en retrouverons à Jérusalem ; les femmes sont voilées ; on sent, ne fût-ce que par la façon dont les maisons sont construites, que l'on est dans un pays où les lois du Harem sont restées sévères. Le marché est la seule partie de la ville qui présente un aspect curieux ; on y voit, dans un pittoresque mélange, les costumes des diverses races qui habitent Jaffa. Mais ce qui demande une description, ce sont les jardins, qui méritent la réputation qu'ils ont acquise auprès de tous les voyageurs : les senteurs que dégagent ces bois d'orangers, de citronniers, de limoniers, de camphriers, de poivriers, sont si pénétrantes qu'on en est presque incommodé et qu'en revenant de Jérusalem, on est averti par leur odeur que l'on touche au port. Il y a bien longtemps, du reste, que les jardins d'Armide ou de Jaffa ont donné naissance à une poétique et amoureuse légende.

Maintenant, il y a un chemin de fer qui conduit à Jérusalem ; le lecteur connaît depuis longtemps les constatations que m'inspire ce mode de locomotion ; ici ces réflexions s'augmentent de toute la curiosité qui m'anime, elles me poussent à prendre une voiture au moins jusqu'à Rameleh, d'où je rejoindrai la voie ferrée. On trouve assez facilement des moyens de transport, si l'on n'est pas trop difficile sur la qualité des chevaux et des voitures ; on est hardiment dédommagé du mauvais état des routes, des cahots que l'on ressent, des risques que l'on court de se rompre le cou — chaque fois que l'on traverse un torrent, on exécute les mouvements des montagnes russes qui ne doivent être qu'une imitation adoucie d'un voyage en Syrie — des voitures incroyables dans lesquelles on vous fait monter. Tout cela est oublié par celui qui a la bonne idée de ne pas imiter strictement ce que fait un homme très encombrant — *Monsieur tout le monde* -- et d'aller à l'aventure jusqu'à Rameleh, en traversant ces jardins et cette forêt couverte de fruits, à l'odeur exquise, excitante à ce point que, déjà aux temps anciens, elle passait pour propice aux séductions amoureuses.

J'ai parcouru ce chemin si peuplé de dangers sans en avoir éprouvé aucun ; j'ai passé mon temps à regarder, à sentir et aussi à me tenir fortement à ma voiture pour ne pas être lancé au loin par un cahot ; j'ai traversé la plaine de Sâron qui s'étend jusqu'aux montagnes de la Judée, que je franchirai ce soir. J'ai été frappé par la vue des femmes qui ont la peau plus blanche, et sont mieux vêtues que les Egyptiennes ; j'ai rarement vu des enfants aussi beaux et... du bétail aussi petit. Après avoir contemplé ces spécimens de population, je suis tombé dans la solitude de la Palestine. On ne voit rien, ni route, ni habitant, pas un village qui arrête la vue. C'est étonnamment sévère mais cela a quelque chose de grandiose. On dirait qu'il n'y a, lorsque l'on est lancé, qu'à aller droit devant soi jusqu'à Jérusalem.

C'est ce que j'ai fait, après quelques instants passés à Rameleh, au milieu des cactus géants, qui sont de vrais arbres auxquels on ne peut atteindre, et qui cachent, sous leurs grandes feuilles, un couvent de Franciscains. Après Rameleh la scène change, plus de forêts d'orangers, plus de plaines à perte de vue, couvertes d'anémones sauvages ; on gravit les pentes des montagnes de la Judée où l'on ne verra plus une plante, plus une marque de civilisation ; des villages qui se confondent avec le gris des rochers, c'est bien le pays dévasté après le plus grand crime connu. On a, pendant deux heures, cette impression d'isolement et de tristesse que l'on éprouve dans un désert, qui vous remet en mémoire cette parole de Chateaubriand : « Quand je vivrais mille ans jamais je n'oublierai ce désert qui semble respirer encore la grandeur de Jéhova et les épouvantements de la mort (1) ».

Pendant que j'étais encore plongé dans ces réflexions, je suis rappelé à la vie par ces cris :

---

(1) Chateaubriand. — *Itinéraire de Paris à Jérusalem.*

Jérusalem ! tout le monde descend ! et jeté dans une foule grouillante, sale, affairée, qui se dispute mes bagages et ma personne. J'étais à Jérusalem !

Si je n'avais pas vu un drogman venir à moi pour me conduire au couvent de N.-D. de France, où je devais loger, je serais resté là pendant je ne sais combien de temps, me répétant : Je suis à Jérusalem ! et je ne m'en défends pas, saisi que j'étais par une émotion violente, faite de souvenirs et peut-être d'espérance. J'essayai de voir la ville, je n'y arrivai pas : une gare plus sale que toutes les autres était ouverte devant moi, des buvettes se voyaient tout autour, et, dominant le tout, des constructions massives, d'asiles, d'hôpitaux, de dômes d'églises russes.

Que j'étais loin du temps où les pélerins s'arrêtaient aux premières maisons en chantant un cantique d'allégresse ! Au lieu de cela, je m'en allais dans un mauvais fiacre, gagner mon gîte. Par exemple j'ai trouvé chez les Pères Assomptionnistes, et surtout chez le Père Antonin, un accueil qui m'a un peu réconforté, et j'ai oublié toutes mes misères, dans le petit pavillon où ils m'ont logé. De là, pour la première fois, j'ai vu Jérusalem ; il m'a montré, du jardin qui m'entourait, la Mosquée d'Omar, le jardin de Gethsémanie, la montagne des Oliviers, la porte de Damas, les murailles, et le magnifique couvent de N.-D. de France, destiné à loger tous les pélerinages français ; mais de la ville ancienne, je n'ai rien vu qu'un dédale de ruelles, dans lequel je ne pouvais rien distinguer, pas même l'église du Saint-Sépulcre.

Le Père Antonin a eu le désir de m'y conduire au débotté. Nous étions au jour de la Pâque Grecque ; il voulait me faire voir ces pèlerins en masse qui y étaient renfermés. Nous sommes passés par la porte de Damas, devant un poste turc dont la sentinelle, son fusil à côté d'elle, assise sur les marches, était pieds nus, avec un pantalon d'uniforme qui avait l'air d'un damier, tant il y avait de pièces, fumant son éternelle cigarette ; nous avons tenté enfin de descendre parmi la foule vers le Saint Sépulcre. J'étais hanté, depuis bien des années, par le désir de voir cette église fameuse qui, datant des premiers siècles, avait été rebâtie à la même place, déchristianisée par les conquêtes des Mahométans, puis si souvent reconstruite pour être de nouveau détruite, avant d'être rendue au culte. Je me représentais les tombeaux des premières victimes de ces combats de géants, auxquels il n'a manqué qu'un Homère pour chanter leur gloire, et un Napoléon pour en fixer les conquêtes.

J'étais enfin au seuil du Saint Sépulcre ; j'avais lu bien des descriptions de ce fouillis d'églises, je m'attendais à être déçu : ma déception a été plus forte que mon attente. Il ne faut pas aller à Jérusalem pour croire aux vérités de la religion ; les soldats turcs qui gardent l'intérieur de l'église, couchés sur des divans, fumant tranquillement leur narguileh ; tous les cultes catholique, orthodoxe, schismatique, syriaque, melchitte, etc., chantant à la fois leurs prières, parfois allant aux mêmes autels pour des cérémonies différentes, tout cela donne l'idée d'une cacophonie, dont la pensée religieuse est bannie, et où on ne trouve pas même une atmosphère assez pure pour prier. Je me suis retiré très désillusionné par cette impression première, me promettant d'y revenir souvent, lorsque les dix mille russes qui peuplent la vieille église n'y seront plus.

Très attristé par tout ce que j'avais vu, j'en voulais, sans m'en rendre compte, à la religion, des circonstances qui avaient enlevé à mon âme la fraîcheur de ses émotions ; je me réfugiais dans mes souvenirs, dans l'église de mon village, auprès du vieux curé qui m'avait élevé ! Quand on va à Jérusalem, il faudrait avoir la bonne fortune de trouver un guide éclairé et instruit qui ne veuille pas vous faire un article de foi de tous les récits plus ou moins vrais qui se sont créés on ne sait où ni on ne sait quand, qui ne mette pas sa gloire à localiser, à Jérusalem et aux environs, toutes les poétiques paraboles de Notre Seigneur : à vous montrer, par exemple, la maison où le crâne d'Adam fut déposé.

Il faut considérer la religion de haut, comme un tout magnifique et ne pas s'appliquer à concilier des faits et des dates, souvent erronés, et toujours incertains. Ne le sommes-nous pas, incertains à tout instant, pour des actes qui se sont passés sous nos yeux ? Combien doit-on l'être davantage pour des faits qui se sont passés il y a deux mille ans ! Avec le Père Antonin, j'avais un guide exceptionnel, un savant dont la modestie ne voudrait pas que je dise de lui tout le bien que j'en pense ; il m'a fait une sorte de division du temps que je dois passer à Jérusalem, il m'a promis, de plus, de m'accompagner toutes les fois que cela lui serait possible. Demain, nous commençons par la vallée de Josaphat, le mont des Oliviers, le jardin de Gethsémanie, le tombeau de la Vierge, etc.

Je ne vais pas raconter toutes mes courses à Jérusalem : cette ville a été décrite si souvent, que je ne pourrais que redire ce que tant d'autres ont dit mille fois mieux que moi. Qu'est-ce que cela pourrait faire au lecteur, de savoir que je suis allé à âne à la vallée de Josaphat ? que j'ai été très déçu au jardin des Oliviers, où il y a de très vieux arbres, mais qui n'ont pas un âge assez avancé pour avoir vu les douleurs et les renoncements de Notre Seigneur.

Je veux dire néanmoins le sentiment étrange que j'ai éprouvé dans ce lieu : je m'étais toujours figuré le désert, la solitude, un bouquet d'oliviers égaré au milieu de ce chaos qu'est la vallée de Josaphat. J'ai trouvé un petit jardin très bien tenu, qu'arrosait un père Franciscain, et, au milieu de plates-bandes et de fleurs, les sept ou huit vieux oliviers, autour desquels on a construit des chapelles en forme de chemin de croix. Cette vue m'a gâté toute ma course. Je suis allé me réfugier dans la grotte, où Jésus a demandé à son Père d'éloigner le calice d'amertume qu'il lui présentait. Là seulement, et pour la première fois, j'ai trouvé une grotte, à peu près laissée dans son état primitif, qui m'a dit quelque chose, et qui a revivifié dans mon cœur les souvenirs de foi qui y étaient accumulés.

De là je suis monté au couvent des Carmélites, en passant par la petite et très jolie chapelle du Pater, où la prière dominicale est écrite en vingt-quatre langues. J'ai vu, dans le cloître de cette chapelle, qui a été construite par la princesse de La Tour d'Auvergne, le tombeau de son père et le sien, que je me suis étonné de voir dans un pareil lieu. C'est une preuve de courage étonnant que de fixer sa sépulture dans un endroit où tous les pèlerins viennent pour adorer Dieu, pour le remercier de ce qu'il a fait pour le monde, et d'espérer qu'il leur restera le temps de se souvenir du peu qu'on a fait pour glorifier ce grand acte!

Du haut de la tour, que les russes ont fait bâtir au sommet de la colline, j'ai eu la première impression de ce qu'est la Jérusalem moderne. Il y a deux villes très distinctes, l'une, enserrée dans les vieilles murailles, se compose uniquement des ruelles que j'ai parcourues hier. Mon impression n'est pas modifiée; à l'Est, faisant face à la position que j'occupais, est le Haram Ech Cherif ou coupole du rocher, c'est là qu'était autrefois la plate-forme immense où avait été bâti le temple de Salomon, où est située aujourd'hui la mosquée d'Omar, la perle de Jérusalem. Je vois une grande masse que je prends pour une halle et que le P. Antonin me dit être le St-Sépulcre. Au-dessus et au Sud de la vieille ville, est la Jérusalem nouvelle, la ville hors les murs. On y voit les asiles construits pour les Juifs par Sir Montefiore, les bâtiments en construction des sœurs de Charité, l'église des Dominicains, le couvent de N.-D. de France où j'habite, tous les consulats.

J'étais parti de bonne heure; j'avais, en rentrant, le temps d'aller saluer le consul de France; quel homme aimable que M. Auzepy et quel charmant homme! Il m'a paru fatigué de Jérusalem, et appelle de tous ses vœux un changement de résidence. Cela doit être en effet bien ennuyeux d'avoir à traiter chaque jour de petites affaires, qui se renouvellent sans cesse, pour lesquelles il faut autant d'activité et de doigté que pour les grandes: des empiètements monstrueux, comme une lampe de plus allumée dans le Saint-Sépulcre, un tapis trop long ou trop large, ou bien une partie du Saint-Sépulcre que les Grecs, ou les Latins, auront balayée sans droit; toutes choses qui peuvent amener des rixes comme cela a eu lieu dernièrement (1). Pas une pierre qui ne soit mesu-

(1) Les latins ayant balayé une partie de l'Eglise que les grecs prétendaient leur être réservée, un bagarre s'en est suivie, il y a eu beaucoup de grecs et quatre ou cinq Franciscains blessés.

rée ; il y a, pour tout, des traités en règle, et il faut tenir la main à leur exécution ; en Orient, le fait accompli est tout, il ne faut donc pas laisser faire ce que l'on veut ou que l'on peut empêcher. M. Auzepy m'a promis un cawas, pour tout le temps où je serai à Jérusalem ; c'est toujours très utile, cela peut être indispensable quelquefois.

Il m'a proposé d'aller avec lui, officiellement, faire une visite au patriarche grec ; il devait lui apporter ses félicitations à propos de la Pâque. Ce sont de ces attentions qui ont une grande importance, et auxquelles il faut savoir ne pas manquer. Je suis donc allé chez Sa Béatitude Monseigneur Germanius, dans toute la pompe des consuls ; nous avons rencontré dans le même appareil le consul de Russie, avec sa femme, qui venaient de rendre leurs devoirs au patriarche ; les deux cortèges se sont croisés, et très aimablement salués et congratulés. Je ne raconterai pas cette visite, pas plus que je ne dirai que nous avions très bon air avec nos quatre cawas, que nous avons été reçus par les cawas du patriarchat rangés sur l'escalier ; je ne veux pas écrire non plus une nouvelle édition, du café, des bonbons variés, et des cigarettes, que nous avons dû accepter.

J'aime mieux raconter en détail la très intéressante étude que j'ai faite des œuvres diverses des Dames de Sion et du P. Ratisbonne. Il y a une institution de saint Pierre très peuplée, très achalandée ; un orphelinat très bien tenu, des écoles de filles très nombreuses. Dans chacun de ces établissements, les enfants apprennent notre langue, nos mœurs, des métiers divers qui les mettent à même de gagner leur vie. Comme en Égypte, les religieux ne s'inquiètent pas de savoir si leurs élèves sont mahométans, juifs, ou catholiques, ils prennent ceux qui se présentent, mais ils ne peuvent pas les accepter tous, les fonds leur manquent ; c'est une remarque que j'ai faite bien souvent et que je ne me ferai pas scrupule de répéter ; j'en demande pardon au lecteur.

Des centaines d'enfants restent privés d'une instruction, après laquelle ils soupirent, je répète mon *delenda est Carthago*, et je suis d'autant plus autorisé à le faire que c'est écrit partout. Tous les hommes, quel que soit leur parti, qui ont vu ces lieux et ces populations, répètent à l'envi : " que si on avait assez d'argent, l'agriculture et l'industrie prendraient en Syrie une importance considérable " ; pour cela il faudrait élever plus d'enfants, parce qu'en augmentant le nombre des élèves, c'est notre influence qui augmenterait ; nos mœurs, nos habitudes, qui se répandraient encore davantage. Il faudrait surtout se bien convaincre que notre pays perd seul à cette situation ; les vérités dont nous cherchons à faire passer la conviction dans l'esprit des autres, sont connues depuis longtemps par nos rivaux qui cherchent, à force d'argent, à conquérir cette influence, et qui y parviendront, si nous n'y prenons garde. C'est surtout de cela dont il faut être bien convaincus.

Les Dames de Sion ont enfermé dans une ravissante petite chapelle, située dans leur pensionnat, les ruines du vieil arceau de Ponce Pilate, ou du moins ce qui passe pour tel. Je deviens très enclin à douter, à Jérusalem, de la véracité des témoignages locaux que l'on cherche à me donner ; outre qu'il n'y a pas dans les Evangiles, ni dans les Actes des Apôtres, de documents probants pour que tel ou tel acte de la vie du Sauveur se soit passé à tel endroit plutôt qu'à tel autre, je ne puis pas oublier que Notre Seigneur a dit qu'il ne resterait pas pierre sur pierre de Jérusalem. Comment alors peut-on dire : " voilà les pierres du prétoire où Jésus a été exposé " ? Surtout, je crois que c'est très difficile, si on se souvient que pendant trois siècles, pas un chrétien n'a pu rester à Jérusalem, et qu'il y eut après cela des bouleversements nombreux. On ne peut donc pas raisonnablement dire au lecteur : telle chose est sûre ; on ne peut que lui dire : telle chose est probable.

Ceci dit, pour bien établir ma bonne foi je dois faire remarquer la façon dont cet arceau est placé : il recouvre une ruelle, mi-partie dans une caserne ottomane, mi-partie dans un couvent ; ces pierres très anciennes ont dû appartenir à un prétoire ; les restes très nombreux d'un ancien palais rendent possible, et même vraisemblable, la glorification de ces ruines par les Dames de Sion, surtout quand on remarque, en sortant de la communauté, le commencement de la “ voie douloureuse ”. On nomme ainsi les stations de la passion, qui se voient depuis la sortie de la chapelle construite sur le palais d'Hérode, et qui vont jusqu'au Calvaire, renfermé dans l'église du Saint Sépulcre, en parcourant les ruelles les plus sales de Jérusalem.

Mais il ne faut pas espérer y trouver un monument pieux. Ce sont des cabarets, des épiceries, des boucheries qui représentent les lieux où J.-C. est tombé, s'est arrêté, où il a rencontré sa mère, où il a laissé un de ses disciples porter sa croix. Rien ne peut rendre l'effet produit par ces maisons, ces magasins si sales ; c'est ce que j'ai vu de plus horriblement triste, qui n'a été dépassé que le vendredi suivant. J'ai voulu assister au chemin de croix, prêché au même lieu, par un Franciscain, monté sur une chaise, sur un établi, sur le pas d'une porte ; au milieu de Juifs, de soldats turcs, d'une foule bruyante et affairée !

Ah ! que je voudrais me disjoindre, me dédoubler, laisser le catholique à ses souvenirs, au récit si naïf et si fort de l'Evangile, ne conduire à Jérusalem que le curieux, le chercheur, le poète peut-être qui est en moi ! Je décrirais à loisir ces soldats turcs, dont la religion fait de Jésus un des plus grands prophètes de la terre, et qui le place immédiatement après Mahomet. Je les montrerais dans les ruelles de Jérusalem, impassibles et comme figés, faisant la police, écoutant sans comprendre et réservant tout leur mépris et toute leur brutalité pour les Juifs. Ceux-ci reconnaissables à leur type, à leur costume, à leur coiffure, à leur saleté surtout, qui longent les murailles dans lesquelles ils semblent vouloir entrer, jetant sur les pèlerins des regards moqueurs — qu'ils méritent quelquefois ; — d'autres vont à leurs affaires ou à leurs plaisirs, car il n'y a que leurs vices qui soient comparables à la vermine dans laquelle ils vivent.

D'autres enfin, qui, entrant ou sortant des boutiques devant lesquelles on prêche au milieu de cette foule, sont les pèlerins grecs qui assistent nombreux et curieux à ces sermons en plein air, et qui, lorsque la foule commence à s'écouler, se jettent à genoux et embrassent une pierre comme ils embrassent toutes choses à Jérusalem et dans tous les pays de pèlerinage — ils doivent avoir des lèvres de rechange.

Mais pas une femme, au moins digne de ce nom ; les Juives sont affreuses, les Russes vêtues à peu près comme des hommes, ne leur cèdent en rien, au moins celles que l'on voit. On dit qu'elles sont sélectionnées, que les moines grecs se réservent de catéchiser toutes celles qui sont jolies, c'est du moins ce que l'on m'a dit à Jérusalem.

Le Père Antonin auquel je racontais ces choses m'a répondu : « Il faut aller faire le pèlerinage de Bethléem ; je comprends, m'a-t-il dit, ce qu'il y a d'attristant pour vous dans ces grands souvenirs mêlés à des choses si vulgaires. Vous n'avez pas la force de les réédifier, de les remettre, par la pensée, telles qu'elles étaient, lorsqu'elles ont servi de cadre à la plus grande scène du monde ; allons ensemble au berceau de Notre Seigneur ; peut-être que là, non pas vos idées, mais l'impression que vous fait le kaléïdoscope que vous voyez sera modifiée ».

Bethléem est un gros bourg situé à quelques kilomètres de Jérusalem, lieu bien indigne de la naissance d'un Dieu. Tout de suite nous avons visité la crèche dans laquelle Jésus-Christ est né. Pourquoi est-ce dans une grotte, tandis que la tradition nous dit que c'est dans une étable que son berceau a été déposé ? Je sais bien que les Franciscains m'ont expliqué que dans les temps anciens cette grotte se trouvait au niveau du sol, qu'elle contenait une écurie, ce qui suppose une crèche, et que c'est là que Notre Seigneur fut placé. Je ne veux pas m'arrêter aux querelles qui se sont élevées sur la question de savoir si c'était bien réellement là qu'était située la grotte de la Nativité ; j'ai dit au lecteur que je lui donnerais mes impressions personnelles.

J'ai eu la chance d'arriver à Bethléem à une heure où il n'y avait pas beaucoup de monde, où l'endroit était calme, silencieux, où nul ne vous détournait de votre pensée ; j'ai trouvé au berceau de Jésus la paix que j'ai en vain cherchée au Saint-Sépulcre ; j'en suis sorti réconforté. J'ai visité le couvent des Franciscains, qui y est attenant ; je raconterai, à ce propos, une histoire diplomatique bien drôle et bien triste à la fois.

Comme au Saint-Sépulcre, il y a des couvents qui entourent l'église de Ste-Marie de la Nativité ; le couvent des Franciscains est du nombre, ils ont, en vertu de traités dûment paraphés, une porte qui va de leur cloître dans l'église. Mais comme dans toutes les églises de Jérusalem et des environs, il y a des autels pour toutes les sectes chrétiennes ; il se trouve que les grecs ont un autel tout à côté de la porte du couvent ; cela les ennuyait beaucoup de voir à tout instant passer ces Franciscains.

Voici ce qu'ils ont imaginé : pour les contrarier ils ont étendu un tapis qui barrait le passage, et aux réclamations des Pères ils ont répondu : « Vous avez bien le droit de passer, mais pas le droit de passer sur un tapis qui est notre propriété », et ils y ont mis des gardes. On devine le tapage, les appels aux consuls, qui en ont eux-mêmes référé à leurs ambassades respectives et toute la diplomatie était occupée du tapis. Mais rien ne va vite en Orient, surtout les notes échangées entre les ambassades : le temps passait.

Le Père Franciscain a eu alors une idée géniale : il a pris une paire de ciseaux et a coupé le tapis de façon à laisser la partie qui touchait à l'autel, mais à enlever celle qui barrait le passage. Grande bagarre ! Grand tumulte ! On a voulu empêcher les Pères Franciscains d'accomplir ce qu'ils considéraient comme leur droit, les chrétiens des deux religions s'en sont mêlés, les consuls sont arrivés. Bref, le tapis est resté coupé, parce qu'en Orient le fait accompli est tout ; les Franciscains ont gardé leur passage et le monde à continué à tourner. Il n'y a que le consul de France, M. le Roux, qui est mort de tous les ennuis et des tracas que ce tapis lui a causés.

Je suis donc entré dans le couvent par " le territoire contesté ", et c'est alors que l'on m'a raconté cette anecdote, qui donnera au lecteur une idée de la façon dont les plus petites choses sont grossies en Orient. Après avoir, sous la conduite d'un Père, consciencieusement visité les couloirs souterrains qui leur donnent une entrée particulière dans la grotte de la Nativité, une sorte de droit de propriété, j'ai vu toutes les petites chapelles dont, aux premiers temps du christianisme, les ermites avaient fait une sorte d'asile. Mon guide m'a dit, avec une précision qui m'a désolé, que les Saints Innocents avaient été enterrés dans la quatrième grotte, et que dans la cinquième Saint Joseph avait reçu l'ordre de se rendre en Egypte. A mes questions sur la façon dont ces souvenirs si précis étaient arrivés jusqu'à nous, il m'a regardé d'une telle façon, que je n'ai plus osé lui faire part de mes doutes.

De là, je suis allé chez les Frères de la doctrine chrétienne, voir leur école normale à laquelle ils commencent de joindre une école gratuite, ardemment désirée de la population de Bethléem. Les

Bethléemitains forment, si je puis ainsi parler, une aristocratie dans la population de la Judée. Leur talent pour ciseler et travailler la nacre est bien connu ; ils parlent mieux le français, ils ont des aspirations plus élevées que les autres. Les femmes sont plus jolies, elles portent des casques qui représentent toute leur fortune, et dont elles ne se séparent ni nuit ni jour ; elles sortent couvertes d'un long voile blanc qui les dissimule sans les cacher, et que je ne saurais mieux comparer qu'à des voiles de premières communiantes. Elles ont pour les élever des Sœurs de Saint Joseph de l'Apparition chez lesquelles elles vont même mariées, les mariages se faisant là-bas à un âge auquel on joue encore à la poupée en France, et il n'est pas rare d'en voir venir à l'école avec des enfants que l'on prendrait, avec nos idées, pour leurs frères ; les écoles fonctionnent bien, et font beaucoup pour l'influence française.

CHAPITRE X

LA PALESTINE (Suite).

Visite au Saint-Sépulcre. — Le Haram ech Cheriff. — Les Œuvres françaises. — Les Grecs unis. — Les Latins. Les Cophtes. — La mer Morte. — Les Juifs. — Les Dominicains. — Les Franciscains.

De grand matin j'ai voulu revoir l'église du Saint-Sépulcre : il n'y avait pas trop de monde. Elle m'a paru ne pas résister à un examen, avec ses lampes multiples, ses dorures mises à tout propos, et hors de propos, ses tableaux horribles, ses fleurs qui la couvrent. Les cierges et les lampes sont allumés pour toute cérémonie qui y est faite par une communauté quelconque, c'est dire qu'ils sont presque toujours allumés ; toutes ces lumières éclairent le mauvais goût qui déshonore l'ensemble du monument. Pour pouvoir emporter un souvenir considérable d'une visite dans cette église, tant de fois démolie et reconstruite, il faut faire abstraction de tout ce que l'on voit, des chandeliers, des flamberges, des oripeaux, se promener tout seul dans le Saint-Sépulcre, en refaisant le chemin qui conduit du

Calvaire au Tombeau ; oublier tout ce que l'on vous a dit, pour ne plus se rappeler que la Passion ; alors on peut réellement redonner à sa pensée une nouvelle virginité, et modifier le sentiment que l'on a éprouvé.

Bien des gens qui ne sont pas des athées admirent beaucoup cette salade de communautés, de sectes, de rites, ce tohu-[illegible] de cérémonies diverses, qui vivent côte à côte dans la grande église de Jérusalem ; j'avoue ne pas les avoir compris. L'impression que j'en ai ressentie est toute contraire ; avec mes idées sur la religion, je ne voudrais pas que jamais une église pût être un spectacle. Peu m'importe que vingt sectes diverses fassent des cérémonies différentes à la gloire d'un même Dieu. Je voudrais que l'idée chrétienne fût représentée avec unité, avec décence, et sous des formes qui ne se rapprochassent pas du paganisme ; que l'Evangile enfin fût laissé dans toute sa simplicité, dans sa naïveté si l'on veut, dans la splendeur de sa foi.

Un cawas est indispensable pour visiter le Haram ech Cheriff, le temple de Jérusalem, le temple de la mosquée d'Omar, et pour avoir les autorisations nécessaires pour pénétrer dans un véritable hameau, situé dans la ville, appelé par les Turcs Nibi David où, d'après eux, aurait été le tombeau du prophète David.

Ces constructions n'ont aucune antiquité, et l'on y va uniquement parce qu'elles rappellent l'établissement de la Cène. On montre l'endroit où Notre-Seigneur se serait assis, la façon dont la table aurait été placée, le jour de l'institution de l'Eucharistie. Bien entendu cet endroit a été une église très ancienne dont il ne reste pas de vestige, pas plus que de toutes celles que les Musulmans ont prises. Je ne m'explique pas les difficultés que font les Turcs pour y laisser pénétrer, je ne puis croire l'histoire qui m'a été contée, et que je transcris ci-dessous.

L'empereur d'Allemagne, dont tout le monde connait le grand amour pour l'ostentation, ne pouvait venir à Jérusalem sans y inaugurer quelque chose — quoi que ce fût —. Il a demandé au sultan de lui donner un terrain pour y poser la première pierre d'une église catholique allemande. Il a toujours un but ; celui qu'il avait, en faisant cette inauguration, était de donner satisfaction à ses dix millions de sujets catholiques, en même temps de nuire, si c'était possible, à l'influence française, en donnant un appui aux missions allemandes, pour lesquelles il fait de réels sacrifices.

Il a donc demandé au sultan le Cénacle pour bâtir son église ; les Turcs auraient pris peur à cause du tombeau de David, et ce serait la cause de toutes les difficultés qu'ils mettent à laisser visiter le lieu de la Cène. L'empereur d'Allemagne a été obligé de se contenter d'un petit champ placé à côté, où il a très solennellement planté un mât sur lequel flotte un drapeau allemand. C'est tout pour le moment, mais pour l'avenir cela présage une foule de difficultés, à nos consuls — si c'est une église catholique la question du protectorat se posera.

La mosquée d'Omar est une splendide construction ; on dit même qu'elle est, après Ste-Sophie, la plus belle qui existe en Orient. A Jérusalem c'est le seul monument qui attire la vue. Lorsque l'on monte sur les terrasses immenses de N.-D. de France ou des Dames de Sion, on n'a de regard que pour ce dôme grandiose soutenu par une rotonde octogone. Quand on y entre on est tout surpris de la trouver si bien entretenue, ornée de mosaïques admirables et de vitraux splendides ; les traces des transformations chrétiennes que la mosquée d'Omar a subies, sont indiquées au lecteur dans tous les guides. Je veux seulement faire remarquer le soin qu'ont les Musulmans de dire toujours et de prouver, que Jésus était un grand prophète, qui vient à la suite de Mahomet et dont ils reconnaissent certains miracles.

Pendant longtemps je me suis promené dans la cour du temple. Je ne pouvais détacher ni ma pensée ni mes yeux du spectacle grandiose que j'avais devant moi, dans cette immensité que les Juifs appelaient le temple de Salomon, que les Mahométans nomment Haram ech Chériff. Il occupe toute la partie à l'est de la ville, il comprend trois choses principales, la mosquée d'Omar, la mosquée d'El Aksa, située à une grande distance; les écuries dites de Salomon qui furent plutôt celles des rois Latins ou des chevaliers templiers ; enfin quelques maisons ou plutôt quelques masures. Ce vaste emplacement a été gagné en partie par des substructions sur la vallée de Josaphat.

A ce propos je dois faire remarquer, pour prouver ce que je disais de l'opinion des Mahométans sur Jésus, un petit oratoire bâti sur le mur en face de la montagne des Oliviers. Il m'a été raconté que la tradition musulmane veut que, lorsque la trompette du jugement dernier se fera entendre, un fil de fer, pareil à celui des acrobates, sera tendu entre ce point et la montagne des Oliviers, par dessus la vallée de Josaphat, Jésus sera d'un côté, Mahomet de l'autre. Tous les hommes devront passer par cette voie aérienne, — il ne faudra pas avoir le vertige —; les bons, soutenus par leurs anges, le franchiront sans tomber, les mauvais seront précipités dans la vallée de Josaphat, dans les enfers On voit, par cette figure, le degré de vénération des Musulmans pour Jésus. J'ai cru utile de faire ressortir cette vérité, très curieuse à constater.

Les sœurs de Charité ont à Jérusalem un très grand établissement, trop petit pour contenir leurs Œuvres diverses : il se construit encore, et il est occupé par les sœurs, à mesure que les maçons leur cèdent la place. Elles font des merveilles, et leur vénérable supérieure trouve dans ses succès une véritable récompense, qu'elle ne prend que comme un encouragement à faire mieux et davantage. Je ne veux pas dire ce que je pense de la mère Sion, je ne pourrais pas en dire assez, je suis sûr qu'elle me reprocherait d'en dire trop ; j'aime mieux raconter ce que j'ai vu et laisser au lecteur le soin de l'apprécier.

La supérieure a eu la bonté de m'accompagner partout ; depuis le dispensaire dans lequel elle soigne tous les jours des centaines de Cophtes, de Nubiens, d'Ottomans, de Juifs dont le nombre va toujours grandissant et qui viennent aux bonnes sœurs Françaises, comme ils les appellent, jusqu'aux classes qu'elles dirigent avec un cœur, une compétence exceptionnelle et un soin extrême, aussi bien les classes payantes que les écoles gratuites. Je n'ai pas besoin de dire que le français est la seule langue parlée dans la maison, et, comme me le disait une toute jeune sœur, qui arrivait de France, elle n'en sait pas d'autre. C'est à l'aide d'une élève plus ancienne qu'elle peut se faire comprendre des nouveaux arrivants. Des classes, nous sommes allés à l'orphelinat, dont l'annexe obligée est une crèche. Je voudrais que quelqu'un ressentît les sentiments divers que j'ai éprouvés, en voyant ces enfants recevoir d'une sœur tous les soins maternels.

Mais ce n'est pas tout, il faut faire manger tout ce petit monde, le vêtir, le chausser ; pour cela, la supérieure a organisé une boulangerie, des machines à tisser, des ateliers de chaussures, auxquels elle occupe les vieillards et les idiots qu'elle recueille et qu'elle habitue à travailler. Il faut que tout ce monde, logé dans une maison inachevée, soit blanchi ; cela n'était pas pour arrêter mère Sion ; elle a créé un lavoir et une repasserie. Pour faire vivre la foule qui est à leur charge, les Sœurs sollicitent et obtiennent de blanchir les consulats catholiques, les hôtels et tous les particuliers qui veulent venir à elles. Tout se fait dans la maison, depuis la menuiserie, pour laquelle elles font travailler les petits garçons, jusqu'à la reliure ; et pour les filles, depuis les robes jusqu'à la lingerie. Ce n'est rien et c'est énorme, quand il faut tout créer, tout faire venir de France. Mais quelle tête, quelle énergie et surtout quel dévouement chrétien a la sœur Sion ! J'aurais voulu qu'on pût la voir, entourée de tous ceux qui, depuis les enfants jusqu'aux vieillards infirmes, la considèrent comme une mère, dont elle a l'abnégation et l'autorité.

Je cherche à lui dire, très respectueusement, quelle est mon admiration pour toutes ces œuvres qu'elle a créées, mais surtout quelle est ma gratitude, comme Français, de voir qu'elle ne perd jamais une occasion de parler de la France, des services qu'elle a rendus. Quand je l'entends et la vois, je suis saisi d'un double sentiment, de fierté comme Français, et de reconnaissance comme patriote. Oui, cette femme, cette simple religieuse fait plus pour la France que consuls et armées ; Dieu me garde cependant de vouloir dire du mal des uns ou des autres, car mieux que personne je sais les services qu'ils rendent.

Non seulement elle fait parler le français, elle répand et vulgarise la langue, mais elle fait aimer la France, elle la fait bénir par ces Turcs et ces Juifs qui viennent tous les jours à son dispensaire ; elle la fait aimer encore par les soldats Turcs, car les Sœurs de charité vont à l'hôpital militaire ottoman : tous les matins, elles partent pour soigner ces grands enfants, disent-elles ; c'est la première fois, je crois, qu'une municipalité turque les appelle officiellement. Mais ce sont des Sœurs de charité ! qui sont aimées à ce point à Jérusalem, que si elles étaient attaquées, si quelqu'un osait les insulter, Juifs, Mahométans, Cophtes ou Nubiens, les pierres elles-mêmes se soulèveraient pour les défendre, et le Pacha actuel serait le premier à venir à leur secours.

Elles ont pour chacun un mot affectueux, consolant, patriotique, indulgent... même pour notre gouvernement, dont elles ont le courage de ne rien dire, et je songeais tout le temps de ma visite à ces mots d'un Turc : “ Je crains les religieuses parce qu'elles font germer la France dans ce pays ”.

Il faudrait avoir de l'argent, c'est l'avis de tous ceux qui s'occupent de cette question, de façon à ce que ces constructions soient achevées, à ce que ces écoles soient agrandies ; de façon à ce que la mère Sion ne soit plus obligée de répondre, aux félicitations qu'on lui adresse sur ce qu'elle a fait : “ Ce n'est rien, ce n'est que le cadre de ce que je voudrais faire un jour, si j'en ai le moyen ”. Je suis resté trois heures à tout voir, à tout parcourir, à essayer de comprendre comment elles faisaient pour nourrir tout ce monde qui se groupe autour d'elles. Je ne sais qui admirer davantage, des Sœurs qui savent faire tout cela, qui savent se faire aimer et vénérer, ou de ces enfants et de ces vieillards qui accompagnaient la mère Sion et l'entouraient d'une telle affection qu'ils ne voulaient plus la quitter, et lui reprochaient de ne pas venir assez souvent — elle a tant à faire !

Je voulais m'en aller, confus de lui avoir fait perdre son temps à m'accompagner ainsi ; elle me dit : “ Ne vous en allez pas encore ; vous n'avez pas vu mes petits aveugles ”. A Jérusalem comme dans tout l'Orient les ophtalmies sont fréquentes, et les aveugles nombreux ; peu d'œuvres étaient plus appropriées au pays, plus utiles ; il ne pouvait y en avoir qui fût de nature à faire aimer davantage la France en répondant mieux à un besoin de l'Orient. La Sœur a compris toutes ces raisons, apprécié tous ces avantages possibles et probables. Elle a envoyé une petite fille à Paris ; c'est elle qui sert de monitrice aux autres ; il y a une classe de vingt petits aveugles, qui lisent, qui écrivent, font leurs études enfin. La mère Sion m'a fait donner un spécimen de l'écriture des enfants, qu'un petit garçon a écrit devant moi. J'ai promis à la supérieure de le garder en souvenir de ma visite, mais je ne lui ai pas promis de garder pour moi le récit de ce que j'avais vu ; c'est pour permettre au lecteur de juger tout ce que font les Sœurs de charité au point de vue de l'influence française en Orient que j'ai fait le simple récit de ce que j'ai constaté.

J'aurais encore à dire les mêmes choses de l'école des Frères, non qu'ils aient fait autant que les Sœurs de charité ; toutes les congrégations n'ont pas la bonne fortune de trouver à point nommé une mère Sion pour la mettre à leur tête. Mais toutes les œuvres sont dirigées, au point de vue français, dans le même esprit, avec le même dévouement et le même succès. Ce que font les Frères à Jérusalem, au point de vue spécial qui nous occupe, est aussi réussi que ce que font les Sœurs ; ils reçoivent un grand nombre d'enfants, leur font en français des cours excellents, comme ces éducateurs du peuple savent les faire ; ils font aimer la France. Je suis convaincu que si le gouvernement le voulait, il y aurait en Palestine une grande moisson à faire ; il ne faut pour cela que de l'argent, il n'en faudrait pas autant qu'en donnent, sans avoir les mêmes succès, les Italiens et les Allemands. Je ne parle pas des Russes en ce moment, j'en parlerai plus tard avec détail, parce qu'ils ne s'adressent pas à la même masse d'individus, ils ne s'adressent qu'aux Grecs unis.

Je répète toujours la même chose : je ne fais pas un guide, je note mes impressions au hasard, il ne faut donc pas que le lecteur s'étonne de ne pas trouver mon sentiment sur chaque chose. Les Grecs unis, que j'ai suivis dans la célébration de leurs fêtes de Pâque, ont une tendance très fâcheuse à l'idolâtrie ; je m'explique, tout le monde connait leurs signes de croix répétés, leurs messes, dans lesquelles la consécration se passe dans une partie réservée, appelée Iconoclaste, je n'en dirai rien.

J'ai seulement l'intention de m'élever contre les pratiques qui sont de l'idolâtrie véritable : la nuit du samedi saint, ils allument ce qu'ils appellent le feu sacré, qui n'est en réalité qu'un abominable tour de passe-passe. Ils croient que l'Esprit saint va descendre sur eux, qu'il est représenté par du feu, et à l'heure fixe l'Esprit saint descend ! Le patriarche des Grecs unis de Jérusalem s'est enfermé dans l'édicule du Saint Sépulcre. Tout-à-coup l'on voit descendre du sommet de la voûte un jet de flammes : c'est le feu sacré. Le patriarche allume son cierge à trente-trois branches, et par une lucarne donne du feu aux milliers de pèlerins qui sont dans l'église.

Il se passe alors une bousculade abominable ; des hommes sont renversés, des femmes sont foulées aux pieds, des courriers partent pour porter le feu sacré dans tous les pays de la Russie, et les prêtres, avec leurs longs cheveux répandus sur leurs épaules chantent toujours sur le même ton nasillard. Cette supercherie, cette fraude incontestable, presque toujours terminée en bagarre sanglante, a quelque chose qui répugne, heurte nos croyances, et prédispose fort mal celui qui vient au Saint Sépulcre uniquement guidé par les récits de l'Evangile.

Pour essayer de faire éprouver à ceux qui ont le courage de me lire les impressions diverses que j'ai ressenties, il faut que je les conduise à quelques pas de là, dans la partie latine de l'église. On dit la messe ; le patriarche, Monseigneur Piavi, officie au Maître Autel, toutes les pompes du rite catholique sont mises au jour, c'est magnifique de simplicité et de grandeur ; il est couvert de splendides ornements qui étincellent de dorures et de pierreries, il a à la main la crosse très ancienne, présent d'un roi de France, sur la tête, sa mitre, où les pierres précieuses rivalisent les unes avec les autres pour en faire un bijou somptueux. Je retrouve la messe telle qu'elle se dit dans une pauvre église de village, la messe telle que la célèbrent les prêtres qui la disent en même temps que le patriarche, mais à de nombreux autels séparés ; pendant un instant bien court j'ai prié.

Mais la passion de voir m'a distrait. J'avais assisté à la cérémonie du feu sacré, j'avais vu le patriarche latin au milieu de l'encens et des fleurs, magnifiquement vêtu, il me restait à pousser un peu plus loin, à voir la messe cophte. Par exemple, les Cophtes n'ont pas d'ornements somptueux; si seulement ils étaient propres ! Leur patriarche n'a pas une mitre éclatante de blancheur, ou étincelante du feu des diamants; il n'a qu'un turban de laine; mais au moins il n'a pas, comme les Grecs, recours à toutes sortes de subterfuges pour rendre palpables les vérités de la religion. Par dessus tout, le clergé cophte en général n'est pas aussi âpre au gain que les popes Grecs; tout leur est matière à lucre, tout leur est prétexte à idolâtrie. Le clergé cophte n'a contre lui que sa saleté, et encore sur ce point les Grecs ne lui cèdent pas le premier rang, qu'ils ont la prétention d'occuper à Jérusalem par leurs richesses et leur ostentation.

Cela a été pour moi une sorte de repos moral que d'aller à Jéricho et à la mer Morte. Je sentais que je ne pouvais plus assister à cette cacophonie de sectes et de religions. J'étais dans la situation d'un homme qui, à force d'entendre parler des langues nouvelles, s'enfuit pour ne pas oublier la sienne; c'est l'esprit dans lequel je suis allé en Samarie. Visiter la mer Morte n'est pas une petite affaire : il faut d'abord un bon drogman, il me fallait de plus un bedouin d'une des tribus du Jourdain, pour que je fusse garanti contre les exactions de ces peuplades pillardes. Gabriel Charmes, dans ses ravissantes causeries, à propos de la Palestine, dit qu'il n'a pas voulu prendre d'armes, pour ce voyage : j'ai fait plus que lui, j'ai fait sans armes mon voyage des *Echelles* ; cela ne m'a pas empêché de prendre un guide bedouin, auquel j'ai donné vingt francs — c'est le prix auquel j'avais été taxé — et moyennant sa très agréable compagnie, j'ai fait un voyage fort calme. Il a été charmant pour moi, m'a rapporté de l'eau du Jourdain, m'a cueilli quelques fleurs, enfin a été plein de prévenances.

Il n'est pas admissible, par exemple, que la police turque soit si mal faite que l'on ne puisse faire en voiture une promenade hors de Jérusalem sans être obligé de payer un tribut aux bedouins, ou sans risquer d'être dévalisé. Tous les drogmans, tous les maitres d'hôtel vous procurent un bedouin ; on sait où ils sont ; c'est une industrie comme une autre, on se met drogman ou bien bedouin pour accompagner les voyageurs, que l'on garantit de toute anicroche. Ils sont très observateurs de la foi jurée ; il n'y a pas d'exemple qu'un guide bedouin ait manqué à ses engagements ; c'est du reste comme cela dans tout l'Orient, dès que vous êtes l'hôte de quelque nomade, il se fera tuer pour vous tant que vous serez sous sa tente ; gardez-vous après cela, il vous tuera ou vous volera lorsque vous en serez sorti. Je crois que la France va demander des comptes aux Turcs, elle ferait bien de comprendre cette réclamation dans la liste de toutes celles qu'elle devrait essayer de faire triompher.

Nous sommes partis à Jérusalem de très grand

matin dans un petit panier attelé de quatre chevaux de front, je ne décrirai pas le voyage qui se fait jusqu'à Jéricho par une assez bonne route ; plus heureux ou plus malheureux que les personnes qui faisaient cette excursion autrefois, le cheval n'étant plus le moyen de transport obligé. On suit le torrent du Cedron, au milieu d'une campagne désolée et on franchit les montagnes qui avoisinent Jérusalem ; comme celles du côté de Jaffa, elles représentent " l'épouvantement de la mort " ; je me repose quelques instants au Khan Adrour situé à moitié chemin et j'arrive à l'hôtel Belle Vue à Jéricho.

Ici, comme par un coup de baguette, tout est changé ; ce ne sont plus des montagnes dénudées, semblables aux vagues de la mer, c'est un jardin splendide avec toute la faune et la flore des pays d'Orient. L'atmosphère est chargée d'électricité, le bleu du ciel disparait sous des nuages jaunâtres qui se réfléchissent dans la mer Morte, que je vois à l'horizon unie comme une mer d'huile et impassible comme un miroir !

Après quelques heures de repos accordées à nos chevaux, harassés par la route très dure que nous venons de parcourir — Jérusalem est à onze cents mètres au-dessus de Jéricho — nous repartons pour la mer Morte. La route qui nous a conduits finit au petit village ; après elle n'est plus qu'une piste, et dans quel terrain ! Notre bédouin qui ne nous quitte pas, caracole avec une grâce et une légèreté que je ne puis m'empêcher d'admirer, dans les sentiers que nous sommes forcés de prendre : il passe avec une extrême facilité dans les fondrières impossibles, faites de craie marneuse et de sable, dans lesquelles nous nous aventurons au risque de nous rompre le cou. Je disais au Père qui m'accompagnait qu'un orage devait être magnifique, en face de cette mer de marbre, dans ce silence absolu, dans lequel les grelots de nos chevaux produisaient les seuls bruits que nous puissions entendre, et il me répondait qu'il n'avait jamais entendu dire que qui que ce soit l'ait vu, car il ne pleuvait presque jamais dans ce bas-fond, cette cuvette tourmentée, ces crevasses dans lesquelles nous errions.

A ce moment, comme pour lui donner un démenti, les cataractes du ciel se sont ouvertes et ont déversé sur nos têtes des torrents d'eau ; je n'ai jamais vu pleuvoir comme cela, l'air en était obscurci ; nos chevaux s'arrêtent et ne veulent ni ne peuvent repartir. Le tonnerre gronde, et pendant un temps assez long nous subissons ce déluge partiel, sans avoir ni un lieu, ni un arbre pour nous mettre à l'abri : à perte de vue c'était la brousse. Quand la pluie commença à être moins violente, nous voulûmes repartir ; notre bédouin nous faisait signe d'aller en avant, mais nos chevaux ne pouvant démarrer, force nous fut de descendre et de pousser à la roue. C'était un spectacle qui valait la course, que de me voir avec le Père, le drogman et le moukre essayer de faire avancer notre voiture, enlisée dans cette terre marneuse, que chacun de nos efforts faisait enfoncer davantage. Enfin nous arrivons à nous remettre en marche et, suivant les traces de notre bédouin, nous arrivons à la mer Morte; j'ai vu alors, par le fait de l'orage, un des spectacles les plus magnifiques et les plus rares qu'il m'ait été donné de contempler. La mer Morte en furie, les vagues se formant par la violence du vent et déferlant sur la plage en flots huileux et glissants, sans bruit, sans ces ressauts de fureur qu'a la Manche quand elle est en colère. Peu à peu l'orage se calme, il n'avait duré qu'une demi-heure environ, le temps de me prouver que la mer Morte était bien vivante: notre moukre entre dans ses flots, pour me montrer qu'il pouvait bien y rester sans nager tant elle est dense.

Nous repartons de là, toujours sous la pluie; nous voulons essayer de remonter en voiture mais nos pieds sont rivés à la terre, et il faut que chacun de nous aide les autres à les en arracher; tant bien que mal nous arrivons au Jourdain. J'étais curieux de voir ce fleuve fameux où Saint Jean baptisa Notre Seigneur. Je n'ai pas eu ici de désillusion, j'ai trouvé une nature riche, des oiseaux inconnus, des arbres qui formaient un berceau au-dessus de notre tête, enfin, tout-à-fait le paysage de la scène que l'Evangile m'avait révélée. Il n'y a que les eaux de ce fleuve torrentiel qui m'ont paru indignes de leur sainte fonction; le christianisme était sorti de là ! et dans ces eaux noirâtres, bourbeuses, impures, un Dieu avait été baptisé, comme pour bien prouver au monde qu'il fallait se purifier de toutes les scories afin d'être digne d'être régénéré.

Après une nuit de repos bien gagné et une soirée occupée à voir les danses de Jéricho, qui étaient faites pour nous en dégoûter à jamais, nous allons à Ma Saba, couvent grec situé à mi-côte, dans un nid d'aigle. Les difficultés avec lesquelles on pénètre dans le couvent, si on a une permission indispensable, donnent une idée exacte des relations plutôt tendues qui existent entre les bédouins et les moines. La saleté qui est passée à l'état d'institution, la vermine qui règne en font un séjour peu enviable, mais ce couvent situé à flanc de rocher, qui se compose de terrasses superposées, appuyées sur des murs de soutènement, est à voir pour les voyageurs qui suivent la route de Jérusalem.

Quitter cette ville sans parler des Juifs serait une omission appelée, dans le monde, un impair, car ils y sont très nombreux, y ont des écoles, des asiles, des hôpitaux; d'où vient donc que je n'ai pas eu une fois occasion de les nommer ? Ils sont comme des parias, à Jérusalem ; dans cette ville où ils ont été tout puissants, ils ne sont plus rien, et l'étranger qui y passe, pour visiter les monuments chrétiens ou les splendeurs des mosquées ottomanes, ne les voit même pas. Le fanatisme est poussé si loin que si l'un d'entre eux se risquait au Saint Sépulcre ou au Haram Esch Cherif, il serait immédiatement massacré. On ne les voit qu'auprès du mur " des lamentations ", situé dans une petite ruelle de Jérusalem, sale et sordide comme elles le sont toutes ; ils y sont le vendredi surtout et pleurent de vraies larmes sur les ruines du temple de Sion. Je ne puis pas être ému par ces larmes comme l'ont été bien d'autres, il y a trop de vice dans cette caste, pour que je puisse être touché par cette affliction qui peut être sincère ; et cependant les gens qui sont auprès de ce mur, qui poussent le plus de cris, ont toujours un enfant qui guette l'étranger pour lui soutirer une aumône. Je heurterai peut-être les souvenirs de quelques-uns, peut-être est-ce un vice de mon état psychologique, mais c'est l'impression que j'ai ressentie que j'ai notée.

Je comprends très bien ce qui fait les Juifs si nombreux en Judée, ils ne sont pas frappés, comme nous dès notre arrivée, par " une nature morte et une ville odieuse " (1).

Ils sont convaincus, s'ils sont de bonne foi (et ici ils le sont presque tous) que la puissance de Jérusalem se relèvera, et ils répètent avec conviction cette prière que leur rabbin fait réciter

(1) Gabriel Charmes. — *Voyage en Palestine*. 1884.

dans *La cérémonie des pleurs* : « Que la paix et la félicité rentrent dans Sion ».

Ils sont logiques, ils viennent attendre que Sion se relève, et ils parent cette nature morte, et cette ville odieuse de toute la splendeur de leurs souvenirs ; ils ne sentent pas comme nous, ils ne peuvent être affectés de ce qui nous frappe. Vaincus, chassés, ils reviennent toujours à Jérusalem, et maintenant ils y forment la grande majorité, on m'a dit soixante mille sur une population de quatre-vingt mille habitants. Ils ont toujours la pensée de se faire enterrer dans cette ville, où ils ne peuvent vivre. Ils sont traités comme une race vaincue, et la façon dont ils le supportent n'est pas faite pour rehausser leur situation.

Dans ces quartiers si pauvres et si mal tenus, ils occupent des maisons dont la saleté se remarque, même à Jérusalem. Je suis allé chez un banquier juif sur lequel j'avais une lettre de crédit ; il a fait, pour me payer, toutes les difficultés du monde, et il m'a pris plus cher que dans tout l'Orient ; mais je passe là-dessus, il faut s'y habituer quand on est condamné à traiter avec un Juif. Mais la vue de sa personne, son bureau (?) je devrais plutôt dire son échoppe, sa mise valaient largement ce que cela m'a coûté. Les juifs de Jérusalem sont d'une autre race, ou du moins d'une race inférieure à ceux de France ; ce sont des Juifs d'Allemagne et de Russie, dont les gravures, au moins, ont fait connaître à tous la physionnomie, ces cheveux tombant en boucles le long de la figure, ces grandes redingotes qui suent la vermine et la misère ; les femmes sont plus horribles encore avec leur teint malsain, leurs cheveux rasés, remplacés par une coiffure Talmudienne : que j'étais loin des belles Juives de Tunis !

Les Dominicains ont créé récemment un très bel établissement à l'extérieur des murs de Jérusalem. A côté de N.-D. de France ils ont fondé un séminaire, où l'on n'élève que des jeunes Cophtes se destinant à la prêtrise ; on espère ainsi fournir aux Cophtes-unis un clergé qui soit dégagé de toutes les superstitions, et élevé à l'imitation du nôtre, c'est-à-dire français, dévoué et pieux. Le gouvernement, toujours logique, a donné une forte subvention aux Dominicains dans ce but, au moment où peut-être il va les chasser de France ! En attendant ils font tout ce qu'ils peuvent pour rehausser l'éclat du nom de notre nation, et dans un pays dans lequel il faut frapper les yeux, où chaque peuple fait construire de véritables monuments, ils édifient une église dédiée à saint Etienne dans laquelle M. Aubert, un peintre français de beaucoup de talent et un homme très aimable, peint des tableaux qui auront l'importance d'une œuvre.

Puisque je parle des ordres religieux, je ne puis passer sous silence un ordre qui a fait beaucoup pour l'influence française en Orient, et y travaille encore, je veux parler de l'Ordre des Franciscains. Il a beaucoup perdu à la création du Patriarcat ; c'était l'abbé mitré des Franciscains qui était le custode ou gardien de la Terre-Sainte ; il réunissait sur sa tête tous les droits et tous les honneurs aujourd'hui attribués au patriarche. Nous aussi Français nous avons beaucoup perdu à la création de cette dignité nouvelle ; Dieu me garde de ne pas rendre justice à toutes les qualités de Mgr Piavi, mais il est Italien, et il a peut-être une tendance trop grande à italianiser le clergé ; il y a là pour la diplomatie française un grave et intéressant sujet d'études. L'intérêt de la France serait peut-être de négocier avec discrétion pour que le patriarche de Jérusalem reçût une dignité cardinalice, c'est difficile mais ce ne serait pas impossible. Si notre gouvernement donnait aux choses qui se passent à Jérusalem, l'attention qu'elles méritent, s'il avait une suffisante action auprès du Souverain Pontife, et surtout s'il n'était pas hypnotisé par la guerre qu'il fait à la religion, je suis convaincu qu'il pourrait réussir.

Il y a aussi des écoles de la custodie, je souhaite qu'elles servent beaucoup à l'influence française, mais je crains qu'elles ne soient aussi Italiennes que Françaises. J'ai l'appréhension que l'Ordre des Franciscains ne vive un peu sur sa réputation, et que tout chez lui ne soit sur le modèle du couvent dans lequel ils reçoivent un grand nombre de voyageurs ; on y parle français, si on le veut, mais presque tous les Pères parlent italien, c'est pour cela que je n'ai pas été loger à *La Casa Nova*. J'ai préféré le couvent de Notre-Dame de France. Les Assomptionnistes peuvent avoir des défauts en politique, mais ils ont une qualité maîtresse qui les fait tous oublier : ils sont Français toujours et partout.

Lorsque je suis arrivé à Jérusalem, j'étais sous le coup d'une vive émotion : la pensée seule que j'allais revivre ce drame fameux qui a donné naissance à la religion m'enthousiasmait. J'étais dans un état d'esprit qui me disposait à goûter toutes les beautés de l'admirable doctrine de Jésus ; j'avais souffert et la souffrance portait toutes mes pensées vers les réflexions sérieuses, ce qui est la meilleure préparation aux grandes choses que j'allais voir. J'avais lu à peu près tout ce qui a été écrit sur la Judée, depuis Chateaubriand jusqu'à Renan, j'avais lu surtout les Evangiles qui sont la source pure à laquelle il faut se désaltérer toujours. D'où vient que j'aie été si complètement désillusionné, qu'il faut que ma foi soit bien vive pour que mon esprit ne m'ait pas conduit au doute ?

En repartant, cette impression première s'était adoucie, semblable à la route que je parcourais pour regagner Jaffa ; à mesure que je m'éloignais, je voyais plus facilement que les hommes avaient créé ce qui avait heurté mon esprit, mais qu'ils n'avaient pas pu détruire les vérités de l'Evangile, par leurs églises ornées avec un luxe de mauvais goût, touchant à l'idolâtrie, dans lesquelles toutes les sectes trouvent place et se succèdent aux mêmes autels et par leur localisation maladroite de toutes les scènes admirables de la Passion.

Alors que le train quittait les montagnes désolées et arides de la Judée, je me sentais meilleur, comme si je sortais des eaux bourbeuses du Jourdain, et quand, quatre heures après, je ressentis les effluves vivifiants de ces forêts d'orangers et de citronniers qui avoisinent Jaffa, j'avais ressaisi ma personnalité, et Jérusalem ne me faisait plus que l'effet d'un mauvais rêve.

CHAPITRE XI

BEYROUTH.

Baie de St-Jean d'Acre. — Rencontre avec un député. — Physionomie de Beyrouth. — Le caractère Levantin. — Les Universités. — Les Jésuites et l'Ecole de Médecine. — Les Dames de Nazareth. — Les Sœurs de St-Joseph. — Les Sœurs de charité. — Les Frères des Ecoles chrétiennes. — Les Œuvres dans le Liban. — Visite à l'orphelinat des Pères Lazaristes.

Lorsqu'en descendant de Jérusalem, je voulus quitter Jaffa, j'éprouvai de réelles difficultés, la mer était très agitée et il fallut presque un coup d'autorité pour que les bateliers me fissent passer les récifs. J'ai dit, je crois, qu'ils formaient autour du port une ceinture ininterrompue et rendaient l'embarquement aussi difficile que le débarquement ; toujours l'incurie des Ottomans, accrue de ce fait qu'ils n'ont pas d'argent et que le peu qu'ils en ont est volé par des fonctionnaires qui ne sont jamais payés. On comprend combien il est difficile de faire un travail quelconque dans ces conditions, et l'on a l'explication de tous les travaux que les Anglais et nous faisons à Constantinople et dans toute la Turquie : des événements récents en ont donné une nouvelle preuve. Enfin je pars de Jaffa ; ce pays semblait ne pas vouloir me lâcher, et, malgré tout ce que j'en ai dit, je ne le quittais pas sans regrets.

Je suis sur la *Daphné* bateau de la même compagnie que la *Vénus*, encombré de gens et de paquets, sur lequel je ne devais passer qu'une nuit, mais grâce à la quarantaine qui est toujours aussi sévère (?) tous les services sont désorganisés ; enfin c'est un voyage qui se présente très... agréablement. Mais ce qui ne dépend ni de la bonté du navire, ni des agréments de la traversée, c'est la splendeur d'une de ces nuits d'Orient en pleine mer, de ces nuits si claires, si lumineuses, que rien ne peut rendre, qui inondent tous les paysages du commencement de la Phénicie de clartés si vives, et qui se terminent par un lever de soleil ravissant, illuminant de tous ses feux la baie de St-Jean-d'Acre.

Aussitôt, je l'avoue, ce n'est pas à ce que je voyais que j'ai pensé : c'est à Bonaparte ; tout est plein de son nom en Syrie comme en Egypte ; à St-Jean-d'Acre sa fortune est venue se briser contre le courage et la ténacité d'un Anglais, Sir Sidney Smith. Je sais bien qu'il serait plus poétique de le montrer aux prises avec Djezzar, le gouverneur de Beyrouth, et de représenter le plus grand général des temps modernes arrêté par un pacha sur la route de l'Orient — mais ce serait moins vrai. Bonaparte, trompé par des renseignements inexacts, fut amené à mettre le siège devant St-Jean d'Acre, défendu par Sidney Smith, qui s'y enferma en apprenant que les Français étaient devant ses murs. Il fut aidé dans la défense par Djezzar ; mais il le fut surtout par le débarquement d'une armée turco-anglaise à Aboukir, où elle fut anéantie par Bonaparte. Cette petite digression historique faite pour saluer, comme un Français devait le faire, cette bourgade, qui semblable à tous les lieux illustrés par la victoire ou la défaite de nos soldats, a gardé le souvenir de leur héroïsme et a droit à une mention spéciale. Mon esprit est frappé par un rapprochement singulier : deux défaites, aux deux pôles de la carrière de Napoléon, lui ont été infligées par deux Anglais : Smith et Wellington. Et St-Jean-d'Acre a été le lieu de la fondation des chevaliers de St-Jean de Jérusalem, qui ont été la cause indirecte de la rupture de la paix d'Amiens, puisque le prétexte en a été la possession de Malte par les Anglais. Mais on ne s'arrête plus à St-Jean-d'Acre, il n'y a pas de port ; on va à l'autre extrémité de la baie, à Caïffa.

J'étais à me faire ces réflexions, pendant que notre vapeur se hâtait lentement de déposer en rade des voyageurs et des marchandises, lorsque je vis arriver un député de mes amis. Nous nous étions rencontrés un moment, il y a trente ans, à l'époque où j'entrais dans l'administration plein d'enthousiasme et de feu.... mais depuis, quelle dégringolade, quel effondrement fut celui de la carrière que j'avais embrassée ! Je l'avais donc rencontré et nous nous étions liés tout de suite ; par ses doctrines nettement conservatrices, la modération de son esprit, la clarté de son intelligence, son caractère droit et ferme, il devait aller très haut..... Il a abandonné l'administration et il essaye de faire quelque bien à la Chambre. Sa femme était avec lui, et aussi un de ses fils ; cela a été un bonheur pour moi de les retrouver tous, de pouvoir échanger mes pensées avec eux, de trouver quelqu'un qui eût les mêmes idées que moi sur le patriotisme, sur les fautes que l'on commet, et sur leur triste et certain résultat. Il est si utile d'avoir en voyage un ami, afin de juger ses propres impressions, et d'avoir la certitude qu'on ne se trompe pas, puisqu'il ressent comme vous les torts que l'on veut faire à la France !

Pendant que nous causions ainsi la *Daphné* s'était remise en marche ; nous l'aurions senti par les difficultés que rencontrait notre promenade sur le pont, si nous ne l'avions pas vu par les attitudes diverses et suffisamment expressives que la très mauvaise mer imposait à presque tous nos compagnons de voyage. Je reste presque seul sur le pont, et rien ne me trouble dans mon admiration pour ces côtes de la Phénicie, que je voyais à l'horizon. La Phénicie..... un monde ancien, rival de la civilisation grecque se dressait à mes yeux étonnés ; je revoyais l'époque où ses flottes immenses allaient porter sa civilisation et son commerce aux côtes d'Asie, en Égypte, en Grèce, à Rome, et en rapportaient les richesses et les plaisirs. Elle avait des colonies sur toutes les parties de la Méditerranée, comme aujourd'hui l'Angleterre. Qu'est-il advenu de Tyr, de Venise ? Qu'adviendra-t-il de l'Angleterre ? Tous ces pays, toutes ces villes ont eu un rayonnement énorme, trop grand ; un jour est venu où il n'y a plus eu assez de sève dans le tronc pour nourrir toutes ces branches éparses aux quatre coins de la terre ! Au loin je pressens une nation qui arrive à la vie, qui aura à lutter, mais qui triomphera, qui, comme les Phocéens, les Phéniciens, les Vénitiens, les Anglais, aura son heure. Je ne sais dans quelle étendue sa puissance se fera sentir, mais je salue l'aurore du Japon.

Je note en passant Sidon qui fut la ville la plus anciennement puissante de la Phénicie, c'est elle qui a apporté dans les flancs de ses navires et les plis de son drapeau, la civilisation orientale à la Grèce et à Rome.

Nous sommes ressaisis par la vie moderne ; voici Beyrouth : ce n'est plus de souvenirs qu'il s'agit maintenant, ni de spéculation politique ou philosophique. Il n'y a qu'à constater les résultats obtenus dans la capitale chrétienne de la Syrie, devenue, depuis l'expédition française de 1860, la citadelle de l'influence que la France exerce d'Alexandrie à Smyrne, et à voir ce qu'il faudrait faire pour maintenir cette prépondérance.

Si les hasards de ma quarantaine ne m'avaient pas amené à Beyrouth, et si mon esprit s'était arrêté à toutes les descriptions plus ou moins poétiques que l'on a faites de cette ville, j'aurais été déçu. Mais je savais que ses vieilles murailles étaient détruites, qu'au contact de la civilisation et de la science, ses mœurs s'étaient adoucies, européanisées, francisées. Le séjour de nos soldats, accourus au secours des Maronites, avait gravé d'une marque indélébile cette population Syriote si maléable, si impressionnable. Cela veut-il dire que ce soit une ville française ? Bien loin de là, mais c'est la ville la plus intéressante à étudier au point de vue politique et religieux : c'est le point de l'Orient où la présence de nos soldats a laissé le plus de traces et de souvenirs.

Au point de vue pittoresque, j'aurais préféré ces vieilles murailles, ce port étroit, ces rues tristes et sales ; mais j'en ai vu et j'en verrai encore de ces villes Turques, dont la nonchalence de leurs maitres a fait de véritables cloaques. Tandis que je n'ai pas encore vu une ville qui, ayant gardé toute la splendeur de la nature orientale, se soit élargie pour laisser pénétrer la science ; c'est un signe de la race Levantine qui domine à Beyrouth. Elle a crevé ses murailles pour faire place aux Jésuites, aux Lazaristes, aux dames de Nazareth, aux filles de la charité, à l'Université ; pour donner asile à la Faculté de médecine qui est un monde ; elle a élargi son port pour y faire entrer les navires de toutes les nations.

Mais elle a conservé sa physionomie de ville orientale : on voit, en se promenant dans ses rues larges et aérées, toutes les élégances criardes auxquelles nous sommes accoutumés, mélangées à la physionomie plus sévère des bédouins, aux cortèges de la montagne, aux chameliers qui arrivent de Damas et peut-être de la Mecque ; tout cela fait un effet chatoyant, original, gracieux à la vue.

Si l'on veut voir les belles Juives ou les jolies Levantines des quartiers riches dont les villas dominent la ville au milieu des palmiers, il faut aller " aux Pins " de Beyrouth, sur la route de Damas ; leurs toilettes ne sont pas toujours d'un goût parfait ; on voit trop qu'elles n'ont pas pu perdre encore l'habitude des tons éclatants, que les femmes syriennes arborent toujours avec grand plaisir, mais elles ont des robes en soie brochée, comme on les faits à Brousse, qu'elles cherchent à accommoder à la mode de Paris. Le contraste est frappant avec les Musulmanes qui, fidèles observatrices des droits du Harem, sortent toujours voilées, mais sont très désireuses de bien voir et surtout d'être vues.

Beyrouth n'a plus aucun monument, mais elle conserve la marque orientale moderne, bien différente du cachet oriental ancien ; elle est comme les costumes modernisés, elle a toujours ce caractère un peu voyant, un peu rococo, que n'ont pu lui faire perdre les arrangements faits au style oriental, pour les nécessités de la vie moderne. J'eusse mieux aimé, dès l'instant qu'il fallait que cette ville perdît son caractère, qu'elle le perdît franchement et complètement ; c'est ce qui se produit dans le quartier Sursok peuplé de villas modernes. La ville orientale subsiste donc partout ailleurs, modifiée par le goût moderne avec ces combinaisons imprévues de tous les styles, de toutes les modes, avec sa pauvreté et sa fausse richesse, avec la peinture européenne sous laquelle on a essayé de badigeonner les traits et les souvenirs asiatiques, enfin un mélange étrange qui n'est pas exempt de charme et d'attrait.

Notre débarquement de 1860 a été la cause déterminante de cette transformation ; cette partie de la Syrie qui a été occupée jusqu'à Damas, a gardé la marque, la langue et les coutumes françaises. On voit des femmes voilées à Beyrouth, tandis que le français y est la langue courante ; le commerce et l'industrie se sont rapidement développés ; la ville, à l'étroit dans ses anciennes murailles, les a fait disparaître, et avec elles ont disparu tous les charmes et tous les souvenirs du passé ; ce n'est donc pas ce qu'il faut chercher à Beyrouth. De quarante mille âmes elle a passé à cent mille ; et cette ville qui était toute musulmane est devenue une ville chrétienne, et le siège de toutes les Universités ; il faut remonter à Damas pour trouver une ville purement arabe, et à Balbeck pour visiter des ruines qui ne sont pas très anciennes, mais qui sont mal conservées.

Ce qu'il faut voir à Beyrouth ce sont les Collèges, les Universités, les Ecoles qui y sont nombreuses ; ce qu'il faut admirer c'est cette végétation qui, par un hasard de la situation et du climat, va depuis les cèdres jusqu'aux palmiers, en passant par toutes les gammes de la faune la plus riche qu'il soit possible de posséder,car elle comprend toutes les essences d'Europe, d'Asie, d'Afrique et les plus luxuriantes qu'il soit donné de voir. Il faut faire surtout ces admirables promenades autour de Beyrouth, qui de la grotte des chiens au Ras Beyrouth, se poursuivent toujours au milieu des bois d'orangers et de citronniers, de cette nature orientale qui, sous les feux du soleil, prend une si magnifique coloration.

Les Américains ont fondé une Université qui dominè toute la rade. Lorsque cette école supérieure fut ouverte, toutes les branches des études y étaient représentées, maintenant il n'y a plus que la Faculté de médecine dont les cours soient suivis.

Les Jésuites, guidés par le Père Normand, ont créé une Université rivale, qui est en train de devenir supérieure ; cela tient à bien des causes, à l'influence française qui est plus importante de beaucoup que l'influence anglaise. Peut être aussi les études sont elles meilleures et plus complètes, puis c'est surtout une œuvre catholique, dirigée par des religieux. Il ne faut pas se faire d'illusion, il faut voir le caractère Levantin tel qu'il est — je n'approuve ni ne désapprouve, je suis simplement historien — ; il a une très grande tendance, par une tournure de son esprit, par atavisme, par son éducation, à préférer de beaucoup les écoles religieuses aux écoles laïques. Au point de vue politique c'est très heureux pour nous, car nous ne faisons pas pour nos écoles les sacrifices que font d'autres pays ; nous ne donnons pas à Beyrouth, qui est la ville la mieux partagée, la dixième partie de ce que donnent les protestants et les Italiens ; nous pouvons ne pas le faire, nous n'en avons pas besoin, mais nous devrions faire plus que nous ne faisons. Avec le peu que l'on donne à la Faculté de Beyrouth, on va voir les progrès accomplis en vingt ans.

Les Jésuites eurent l'idée très juste que l'influence catholique et française gagnerait beaucoup à la création de l'Université de St-Joseph : tel a été le point de départ. Je saute tout de suite à son état actuel, passant sous silence les constructions à édifier, les collections à créer, les hôpitaux à faire vivre, les professeurs à réunir, les élèves à grouper, toutes les difficultés à vaincre ; je vois les résultats.

Ils sont installés au milieu de Beyrouth, au centre de la ville, de manière à être vus de toutes parts et d'être à la portée de tous. Ils ont établi un collège qui serait un modèle dans tous les pays, les classes sont larges et aérées, les dortoirs immenses, les cours très bien plantées, entourées de jardins, comme on ne peut en voir qu'en Syrie. Leurs écoles primaires sont aussi bien au point de vue de l'installation qu'au point de vue de l'instruction ; mais je suis toujours fâché de les voir entreprendre une œuvre pour laquelle ils ne sont pas faits. A côté d'eux il y a des Frères de la doctrine chrétienne ; qu'ils leur laissent les six cents élèves groupés autour de leur école secondaire, bien digne de les occuper avec ses quatre cents étudiants.

Ils ont encore un séminaire qui est l'annexe et la préface de leur Faculté de théologie ; une Faculté de philosophie et une Faculté de médecine constituent l'ensemble de leurs études supérieures. Je n'ai rien à dire de l'utilité de leurs Facultés de théologie et de philosophie : elle se démontre par elle-même. Ayant des séminaires pour les différents cultes, ils devaient nécessairement donner aux jeunes étudiants le moyen de poursuivre et de compléter leurs études. La Faculté que j'avais envie de connaître dans tous ses détails est la Faculté de médecine ; j'ai été ravi de tout ce que j'ai vu, de tout ce que j'ai appris avec le Père Cantin, pour lequel j'avais une lettre de recommandation très pressante.

Leur Faculté de médecine, dirigée par des professeurs éminents, est admirablement installée au point de vue matériel, comme au point de vue scientifique : des amphithéâtres spacieux, une bibliothèque qui est une des plus riches de l'Orient, des collections très complètes, des musées anatomiques et bactériologiques, qui causeraient une envie très grande à certaines Facultés de France. Les études microbiennes ne sont pas négligées par eux, et ils ont un laboratoire dans lequel on étudie toutes les merveilles connues sous le nom de découvertes Pasteur, rendant ainsi un hommage mérité à l'un des plus grands bienfaiteurs de l'humanité.

Je l'ai dit bien souvent, ce qui manque dans le Levant, même pour des établissements supérieurs comme celui qui nous occupe ; c'est l'argent. A la Faculté de médecine ils ont à l'heure actuelle soixante-quinze élèves ; dans trois ans, le Père Cantin m'a dit qu'il en pourrait recevoir deux cent cinquante : il va faire bâtir — s'il peut — une autre Faculté de médecine dans le parc, et il a la bonne pensée de loger la plupart de ses élèves dans les bâtiments actuels.

Mais quels sont les résultats obtenus, et comment arrive-t-on à les constater ? Tous les ans, il vient de Paris des professeurs pour faire passer les examens, il en vient aussi de Constantinople, et avec les professeurs de la Faculté de Beyrouth, ils forment les jurys d'examens. Ce ne sont pas les premiers venus ; le gouvernement les désigne parmi les professeurs agrégés. En 1899, un professeur, médecin très connu à Paris, fut choisi pour venir à Beyrouth ; le ministre avait désigné — par un simple hazard — un juif ou un protestant, je ne sais plus, pour faire passer les examens. Il était très mal disposé pour les élèves et leurs maitres; au début tout lui paraissait aller mal; à mesure que la session s'avançait, ses opinions se modifiaient, et lorsque les examens furent terminés, il rendait pleine justice à l'œuvre entreprise, et au patriotisme des religieux. Je ne crois pas m'avancer beaucoup en disant que son rapport a été très élogieux et qu'il a dit que les vingt-cinq médecins qu'il avait contribué à examiner étaient sortis vainqueurs de toutes les épreuves.

Les médecins turcs, qui sont envoyés, non moins officiellement que les médecins français, ont emporté une conviction pareille à celle de leurs confrères, et disent que les médecins de la Faculté de Beyrouth sont aptes à exercer la médecine. Par conséquent l'Université avait le droit de donner des diplômes qui permettaient aux élèves, qui les avaient obtenus, d'exercer la médecine à Constantinople, en Asie-Mineure, en Syrie.

Tout de suite on voit de quelle importance est l'œuvre des Jésuites; on est frappé, au point de vue français, de l'utilité énorme de cette institution dans laquelle l'enseignement se fait en français; elle jette dans la Syrie et dans l'Asie-Mineure des médecins qui parlent le français, aiment la France et la font aimer. Voilà, au point de vue politique, une œuvre qui doit être soutenue; si du point de vue politique, qui me préoccupe seul dans ce moment, je passe au point de vue humanitaire, combien l'on doit soutenir les Jésuites ! Il n'y avait pas un seul médecin digne de ce nom il y a cinquante ans en Asie-Mineure, il y en a quelques-uns aujourd'hui, demain toutes les villes, toutes les bourgades, auront le leur, et en faisant pénétrer au milieu de ces populations primitives, les règles de l'hygiène, ils y font pénétrer aussi le nom et l'amour de la France.

Pour compléter ces créations si diverses, mais ayant toutes un but unique, l'influence française, les Jésuites ont créé sur un très large pied, avec grand soin, une imprimerie à Beyrouth ; c'est la seule imprimerie française de cette ville de cent quarante mille âmes. Je ne veux pas rechercher maintenant si j'approuverais toutes les publications qu'ils éditent, si toutes ont le même mérite, le fait seul m'occupe. Je ne cite même pas les impressions de luxe qui sortent de cette imprimerie, parmi lesquelles la Bible traduite en arabe par un Jésuite, mérite une mention spéciale pour le fini et la richesse de ce magnifique travail d'impression orientale.

Les dames de Nazareth ont construit sur la colline de Cherafié un établissement splendide, trop beau peut-être pour les personnes auxquelles il s'adresse. Je me croyais à Paris, aux Oiseaux ou au Sacré-Cœur. C'est évidemment à la clientèle riche du quartier Sursok qu'elles ont voulu plaire. Ce n'est pas, je le crois, une masse assez grande de la population pour suffire à alimenter le couvent, et je crains qu'elles ne donnent aux jeunes filles une éducation trop mondaine, trop au-dessus de leur position, enfin je crois que dans leur programme il y a trop peu de choses utiles et beaucoup trop d'inutiles. Le caractère Levantin a un fonds de légèreté qui s'accorde mal peut-être avec une éducation dans laquelle les belles manières et les arts d'agrément tiennent la première place.

Mais je m'aperçois que je fais une critique des programmes d'enseignement, pour laquelle je n'ai ni la volonté, ni surtout la compétence indispensables, et j'aime bien mieux monter sur la terrasse de l'établissement, vers le magnifique panorama qu'a eu la complaisance de me montrer la sœur très aimable et très remarquable qui m'accompagnait : après avoir constaté ce qui m'intéresse surtout : le caractère très français de cet enseignement.

Le parc majestueux et superbe qui entoure l'établissement fait un premier plan, à la vue de la terrasse, qui domine la maison située au sommet de Beyrouth, du côté de la route de Damas. Au moment où l'on arrive au faîte, on est comme aveuglé par les splendeurs que l'on voit. D'un côté, la rade de Beyrouth toujours battue par une mer aux mille couleurs, dominée par le bleu-vert qui est la caractéristique de la Méditerranée, et lui donne l'air de nous regarder sans cesse de ce regard séduisant et trompeur que donnent les yeux pers ; les belles montagnes aux croupes neigeuses ; à votre droite, en se retournant, cette campagne de Beyrouth, dans laquelle l'Orient semble s'unir à l'Occident pour donner à la terre toute sa parure, le Liban et l'anti-Liban, auxquels sont accrochées les propriétés où les richards — lisez les Juifs — de la ville viennent bercer leur indolence ; couverts, selon la hauteur, de cèdres, de pins et de palmiers, comme pour bien prouver que toutes les faunes sont réunies pour charmer les yeux.

Un proverbe arabe rapporté par M. Charmes (1), affirme que le Sanin a l'hiver sur la tete, le printemps à sa ceinture et l'été à ses pieds. Cette image poétique est d'une grande exactitude matérielle. Plus près de nous, sous nos pieds, un chemin de fer — celui qu'on vient de tracer pour Damas — qui semble rapporté sur ces paysages de l'Orient ; il est protégé par des bois de pins contre les sables rouges, qui menacent d'envahir Beyrouth. Toute cette végétation fait un effet chatoyant et superbe, avec des tons rouges et chauds qui semblent défier les peintres et leur prouver que toute leur imagination n'aboutira jamais à des débauches de coloris pareilles à la nature.

Il y a aussi à côté des Dames de Nazareth les sœurs de Saint Joseph, que nous avons si souvent trouvées

(1) Gabriel Charmes. — *Voyage en Syrie*. Plon, éditeur. Paris, 1891.

dans le cours de nos pérégrinations. L'éducation qu'elles donnent est un peu moins relevée, et elle s'accorde mieux avec la moyenne de la vie en Syrie. Je ne peux me figurer une jeune Maronite, par exemple, élevée dans un couvent, complètement pareil à nos couvents Parisiens, rejetée ensuite dans un petit village du Liban. Une enfant à laquelle on aura appris à dessiner, à jouer du piano, à jouir et à avoir besoin de tout le confortable moderne, et qui en sera réduite, comme cela arrive bien souvent, à vivre seule dans les montagnes, n'ayant presque toujours qu'un intérieur rudimentaire et tout à fait primitif, dans lequel, par exemple, les couteaux et les fourchettes sont inconnus.

Cela ne veut pas dire qu'en Syrie les villages soient pauvres et abandonnés comme les villages de la Palestine. On s'aperçoit tout de suite, en y entrant, qu'ils soient peuplés de Druses ou de Maronites, que, grâce à notre intervention de 1860, le despotisme et l'incurie ottomane sont tempérés par une administration plus libérale, celle du gouvernement chrétien que l'Europe a établie à Beyrouth. C'est pour cela que je préfère l'éducation moins soignée des sœurs de Saint Joseph ou des sœurs de la Sainte Famille ; elles ne donnent pas à ces jeunes filles des goûts, des habitudes, des besoins qui, s'ils ne font pas toujours leur malheur, peuvent du moins leur rendre très dure la vie qu'elles sont forcées de mener.

Les sœurs de charité ont un établissement très considérable, il a eu des commencements plus que modestes ; mais les sœurs avaient la bonne fortune d'avoir à leur tête une femme d'une compétence exceptionnelle, la Mère Gélas ; la Mère Sion, de Jérusalem, me la rappelle beaucoup. C'était en 1847, deux ou trois sœurs débarquèrent, la population n'était rien moins que sympathique : cela ne dura qu'un instant. Aussitôt elles se mirent à l'œuvre et se firent bien vite connaître ; le premier enfant qu'elles trouvèrent, les premiers malades qu'elles recueillirent furent les seuls difficiles ; pour les autres, c'était à qui viendrait à elles, à qui serait soigné par ces saintes filles. Ainsi se forma et grandit cette maison de la miséricorde de Beyrouth ; elle est devenue le centre d'où rayonne la charité ; semblable à une pieuvre immense, elle tend ses tentacules de tous côtés et aspire toutes les misères, toutes les ignorances pour les secourir et les éclairer.

Les œuvres dont nous avons vu l'embryon à Jérusalem, la sœur Gelas les a créées. Tout le monde a été vêtu, nourri, chaussé, blanchi — je ne peux pas répéter ce que j'ai déjà dit — ; tous les métiers ont été tour à tour mis en œuvre. Une école même pour les petits garçons de moins de treize ans a été ouverte ; ils peuvent ainsi participer aux bienfaits de l'instruction tout en apprenant à être menuisiers, tanneurs, cordonniers, tisserands, relieurs, etc. Et quand au bout de quarante années la sœur supérieure s'est retirée, une foule de maisons filiales étaient créées; des générations s'étaient élevées dans l'amour des sœurs, inséparable de l'amour de la France; des centaines de familles s'étaient formées; ces jeunes filles, élevées par elles, étaient devenues à leur tour mères de famille et leur envoyaient leurs enfants. Ne croit-on pas que ces éducations données en français n'aient pas fait beaucoup pour l'influence de la France ? Le gouvernement a pensé qu'il devait récompenser cette sœur placée à la tête de cette maison depuis 1847, qui l'avait vu naître et grandir, et qui avait tant fait pour la France. Il s'est honoré en lui conférant la croix de la Légion d'honneur.

J'ai dit que Beyrouth était la capitale de la chrétienté en Syrie : elle ne pouvait pas ne pas avoir une maison de Frères de la doctrine chrétienne. En donnant au lecteur une idée de la Faculté de médecine et des Œuvres diverses des Jésuites, je faisais remarquer que les six cents enfants qui occupent leur école gratuite seraient très bien élevés par les Frères. En effet, à chacun son lot en ce monde, et tout ira bien mieux : les Jésuites sont hors de pair pour l'éducation secondaire et supérieure, tout le monde le reconnait, même ceux qui ne sont pas de leurs amis. Il n'y a personne qui sache mieux qu'eux enseigner les sciences et les hautes études ; nos écoles militaires et polytechniques en sont la preuve : mais aux Frères de nos écoles chrétiennes, l'éducation des classes moins favorisées des dons de la fortune ; il n'y a qu'eux pour donner à un enfant un métier en même temps que l'instruction primaire. En Syrie c'est surtout à ces deux termes que l'on doit s'attacher : faire des hommes qui sachent parler, lire et écrire le français ; leur donner en même temps un métier, de façon à ne pas augmenter la catégorie qui n'est que trop grande des *déclassés*.

J'y vois un danger, inhérent aux dispositions naturelles des Levantins, et surtout des Syriens : il faut leur donner une éducation terre à terre, de façon à contrebalancer leurs penchants naturels ; c'est pour cela que je suis, pour les garçons comme pour les filles, si grand admirateur de l'éducation donnée par les sœurs de charité, par les sœurs de St-Joseph, par les frères ou par tous les ordres similaires. Je demande la permission de le répéter : le Syrien est intelligent mais un peu poétique, très en dehors, il faut lui donner une forte instruction et le destiner à un métier. Pourquoi ne créerait-on pas une pépinière de colons pour l'Algérie ou pour Madagascar ? Ces trop longues réflexions me sont suggérées par ma visite aux diverses écoles de Beyrouth, car les bons Frères élèvent trois mille enfants répartis entre différents quartiers.

Ma course dans les écoles sera terminée quand j'aurai mentionné, car je n'ose plus donner de détails sur mes visites, le collège maronite et le collège grec-catholique : dans l'un comme dans l'autre la langue française est la base des études, ils nous rendent de véritables services. Les Maronites sont plus nombreux à Beyrouth que les Grecs ; ils comptent cinquante mille individus sur les cent vingt mille qui composent la population ; leur collège compte trois cent cinquante élèves : s'ils avaient de meilleurs professeurs, je crois que le nombre serait plus grand encore.

Je ne parle que de la ville ; dans le Liban, je trouve le collège des Pères Lazaristes d'Antoura, le plus ancien du pays. Fondé par les Jésuites, repris plus tard par les Lazaristes, il est aujourd'hui le premier établissement de la Syrie, celui qui est le plus connu en France. Les diplômes de fin d'études sont les plus recherchés dans les diverses administrations de l'Etat ou autres. On sait que *cette lettre de recommandation* n'est donnée qu'à bon escient, et que celui qui en est porteur est un bon élève, promettant de devenir un brave homme.

J'aurais dû voir les nombreuses écoles qu'ont les Lazaristes répandues dans toute la Syrie, je n'en ai vu que quelques-unes ; elles m'ont suggéré une réflexion : Ils ne peuvent pas faire parler français, ils ne sont pas assez nombreux, et ils sont obligés d'envoyer là des Frères qui ne connaissent pas la langue ; pourquoi ne s'arrangeraient-ils pas avec les Frères des écoles chrétiennes, ces éducateurs du peuple, pour leur remettre les écoles dans lesquelles ils ne peuvent pas envoyer de Pères. Cela me parait tout simple, à moi qui n'ai pas la direction ni la responsabilité des écoles.

Le P. Ouannes, procureur des Lazaristes, rencontré chez les Dames de Saint Vincent de Paul, avait pour moi une extrême bienveillance due, je crois, à la lettre que la bonne Mère Sion avait écrite à ses sœurs de Beyrouth ; il a bien voulu me faire voir son orphelinat situé à quelque distance de la ville. Nous sommes partis ensemble à la fin d'une belle journée ; le joli soleil d'Orient si vif, si chaud, si rayonnant, striait d'or la rade si bleue de Beyrouth, mais il était déjà un peu moins fatigant, comme lassé d'éclairer et de brûler les jardins que nous parcourions. La voiture avait pris sa route du côté d'Antoura, nous contournions les faubourgs de la ville ; à leur extrémité nous tournons à gauche et nous montons dans le quartier Sursok.

Notre chemin est peuplé de villas bâties par ces Juifs, plaie de la Syrie qu'ils exploitent et rançonnent comme pour lui faire expier d'être le boulevard du catholicisme. Nous passons devant la résidence de l'Archevêque Maronite, Monseigneur Debs, située à mi-côte ; la voiture monte toujours, et lorsque les maisons commencent à disparaitre elle s'arrête devant une petite ferme : nous sommes arrivés.

A peine la porte franchie je me trouve dans un véritable jardin potager des environs de Paris ;

tous les légumes que je n'avais vus qu'en rêve, depuis des mois, étaient devant moi. Je vois aussitôt venir à nous des enfants guidés par un vieux jardinier ; ce sont les seuls cultivateurs de toutes ces merveilles, car ce sont des merveilles qui n'existaient pas en Syrie. Le Père dit quelques mots au vieux jardinier puis m'emmena sur un promontoire où nous nous assîmes. En face de nous étaient la baie de Saint-Georges, le Santin couvert de neige comme une tente immense jetée sous le bleu du ciel, et la rade de Beyrouth, sillonnée par ces milliers de petites barques, qui ont l'air de pygmées à côté de la masse imposante des grands navires.

C'est en face de ce panorama merveilleux que le P. Ouannes eut la bonté de m'expliquer l'organisation de l'orphelinat, et ces résultats vraiment surprenants que je voyais. Il fit plus que me renseigner, il me fit goûter ces produits exotiques si rares, qui ont fait de l'orphelinat des Lazaristes une sorte de terre promise pour tous ceux qui viennent d'Europe. Il me montra la noriah gigantesque qui donne de l'eau partout en abondance ; il me dit que tous ces enfants recueillis par sa communauté, apprenaient à cultiver et à vendre leurs produits. Chaque jour ils vont au marché où leur arrivée est attendue avec impatience et où ils sont en quelque sorte dépouillés aussitôt qu'aperçus. Et cela se comprend, ils apportent des fraises en toute saison, des salades, des légumes verts; cela paraît une chose toute simple pour un Européen, mais cela n'existe pas en Asie. Il faut bien se dire que les légumes ne viennent tels que nous les connaissons, que la première année ; après cela les radis deviennent énormes, et les artichauts poussent comme des arbrisseaux : il faut du soin, de l'expérience, des graines sans cesse renouvelées, toutes choses qui manquent aux Levantins.

Pendant longtemps nous sommes restés à voir Beyrouth faire sa toilette du soir, ses lumières perçant dans la nuit, à regarder ces fanaux qui, piqués au haut des màts, ont l'apparence de feux-follets balancés par le vent qui agite le calme des flots. Nous buvions du “ vin d'or ” — un délicieux produit d'Antoura — en parlant de la France !

CHAPITRE XII

DAMAS. — BAALBECK

De Beyrouth à Damas. — Vue de la ville. — Jardins de la Ghouta. — Un café-concert. — Visite aux Bazars. — Maisons particulières. — Mosquées. — Bains. — Promenade dans le Metran. — Les établissements catholiques. — Baalbeck.

Pour aller à Damas on vient de faire construire un chemin de fer à crémaillère et à voie étroite, qui remplace la seule bonne route qu'il y avait en Syrie. Le comte de Pertuis avait été chargé de le construire et de l'entretenir moyennant une redevance qui devait être payée par tous ceux qui en feraient usage. Cette route postale, par laquelle on faisait, en moins de douze heures et dans de très bonnes voitures, les cent vingt kilomètres qui séparent Beyrouth de Damas, est maintenant sans emploi, mais elle restera bien entretenue. J'ai dit que notre expédition de 1860 avait eu entre autres avantages, celui de faire échapper le Liban au despotisme turc, et que la demi-liberté qui en était résultée, avait assuré du moins la conservation de ce qui existe, en supprimant l'incurie ottomane.

Damas est la plus grande ville de la Syrie, celle

qui a le mieux conservé sa couleur locale, où les bazars sont les plus remarquables, celle qu'il fallait voir enfin. Le chemin de fer va assez doucement, on monte beaucoup, la route n'est pas belle. Après être sortis de Damas, de ses jardins, de ses forêts de sapins, on commence à gravir les pentes du Liban. La vue est très belle; nous sommes à Ayle, où sont situées les villas où les habitants de Beyrouth viennent se réfugier l'été. Je comprends qu'ils aient choisi ce point qui est à mille quatre cents mètres au-dessus du niveau de la mer. On voit encore et pour la dernière fois la ville et la Méditerranée. Notre train est en marche pour traverser la petite plaine qui conduit à l'anti-Liban : en passant à Malaka, où nous reviendrons pour aller à Baalbeck, nous voyons Chatora, une propriété dans laquelle les Jésuites font un vin assez réputé. Nous franchissons l'anti-Liban et la ligne de partage des eaux ; nous sommes à environ mille cinq cents mètres d'altitude. A partir de ce moment nous descendons vers Damas : c'est presque le climat de la France, les peupliers sont très nombreux, les noyers énormes, des arbres de toutes espèces se voient sur les bords du Barada, qui forme une oasis immense.

On aperçoit la villa d'Ab-el-Kader qui a si royalement payé sa dette à la France, en sauvant ses protégés, ses missionnaires, ses religieuses, en 1860. — Nous sommes à Damas, à mille mètres au-dessus de Beyrouth.

A peine arrivé à l'hôtel Bassoul que m'avait recommandé le consul, je monte au Salihiye, montagne située à côté de Damas, où il est de tradition d'aller pour voir un très joli panorama. J'ai préféré y aller en arrivant afin de me guider un peu dans le dédale de petites rues qui constituent la ville et de faire une reconnaissance topographique des divers quartiers qui la composent, quartier ottoman, quartier juif, quartier chrétien. Il parait que les diverses races vivaient autrefois complètement séparées, à ce point que des portes étaient établies entre elles, et que pour circuler la nuit entre les divers quartiers de la ville il fallait parlementer, chaque fois que l'on changeait de nationalité, afin d'obtenir du gardien qu'il livràt passage.

Pour me faire expliquer la ville, j'ai pris un drogman, et je suis parti pour Salihiye. En sortant de Damas on trouve presque immédiatement le village de Salihiye, où l'on arrive en traversant une branche du Barada ; on laisse à sa droite la demeure du Vali de la province qui, comme tous les palais turcs, est un mélange de luxe et de misère. Puis l'on commence à s'élever, par une route creusée au milieu des rochers qui vous conduit au Kasyoum en passant devant des mosquées qui tombent en ruines comme tout ce qui appartient aux Mahométans ; que ce soit une route, un palais, une mosquée, une fois construits, jamais l'on n'y fait de réparations. Est-ce incurie? Est-ce un système? Je crois que tout cela provient des nombreux vols, perpétrés par les fonctionnaires dont la mission serait de les conserver ; ils ne sont jamais payés, ils se payent eux-mêmes ; c'est un cercle vicieux dont il sera bien difficile de les faire sortir.

La route s'arrête sur une plate-forme de pierre rougeâtre, et en se retournant on a le panorama de Damas, la ville très considérable s'étend à vos pieds. La vue est jolie mais restreinte, entourée de montagnes de trois côtés au pied desquelles le territoire de Damas, comme une espèce de cuvette, ressemble à une vaste oasis arrosée par le Barada. Il se divise en plusieurs branches formant comme un vaste éventail dont le manche aboutit au lac des prairies, où vont se jeter les divers ruisseaux qui sont la richesse du pays.

Voici la ville de Damas, sans monument, n'ayant pour principale curiosité que ses bazars qui sont les plus beaux que j'aie vus ; je ne suis pas encore allé à Constantinople. Sa citadelle qui date du XIIIe siècle n'a rien de remarquable du reste ; malgré son inutilité et son mauvais état, les Turcs sont très difficiles pour y laisser entrer ; un grand nombre de mosquées tombent en ruines. Il y a dans la ville un quartier Franc ou Chrétien au nord-est, un quartier Juif qui en forme la partie sud, un quartier Musulman qui est placé au nord, et le Meidian à l'ouest qui contient des paysans de toutes les races, et les chameliers qu'ils logent.

Tout autour de Damas, lui formant comme une enceinte de verdure, sont les jardins de la Ghouta, très verts, très frais, mais n'ayant rien de ce qui m'a charmé dans les jardins de Jaffa : ces fleurs aux brillantes couleurs, ces parfums délicieux, ces forêts d'orangers. C'est plutôt un magnifique jardin de France, avec des noyers énormes, des peupliers, des abricotiers, mais on se croirait à mille lieues de Beyrouth et surtout de Jaffa. On comprend donc que je ne me sois pas arrêté longtemps à contempler les flancs dénudés de l'anti-Liban, les volcans éteints de Safa, pas même les montagnes pelées du Harouan, dont j'aperçois la masse dans la direction de la Mecque.

Mais l'ensemble de cette ville à un cachet original, avec ses constructions purement turques, sauf les églises, et encore je ne parierais pas qu'elles n'ont pas été autrefois enlevées par les croisés à leurs adversaires. Sa population est diverse ; en général, le type juif parait le plus joli dans les très jeunes filles, les femmes sont vieilles avant l'âge : les Levantins ne forment guère que la population marchande et fournissent les drogmans.

Les Turcs sont les plus nombreux ; outre une garnison importante, un Muchir qui commande le 5e corps de l'armée — et que l'on ne voit jamais — il y a des fonctionnaires en nombre infini, aussi peu payés les uns que les autres. Ils forment une population très dense. Les Latins sont une minorité peu nombreuse surtout depuis 1860 ; il y en a un grand nombre qui ne sont pas revenus à Damas, après avoir eu la chance de le quitter, grâce à l'énergie et au courage d'Abd-el-Kader ; beaucoup de couvents n'ont pas été réédifiés, et par suite la population chrétienne a beaucoup diminué ; elle commence à se relever.

En descendant du Salihiye, je suis allé au Consulat situé en plein quartier chrétien. De là, mon Drogman et moi sommes allés visiter le Ghouta dans lequel on m'avait dit être située une sorte de café-concert très fréquenté par les Damascitains. Les chants arabes si endormants et si monotones, quelques danses du ventre importées de Smyrne ou d'Alexandrie forment les principales distractions.

On y est assis comme dans les petites guinguettes de la abnlieue de Paris, dont ce café ture a l'apparence. La société féminine, plus que mêlée, aurait augmenté encore la ressemblance. Les consommations y sont apportées par des bédouins en costume national, elles se composent principalement de café toujours accompagné d'un narguileh. Les officiers de la garnison turque qui est très nombreuse à Damas, auraient seuls fait tache, dans un café français, par leurs uniformes sales et débraillés, leurs sabres attachés par du cuir réparé avec de la ficelle. Que j'étais loin de notre belle armée qui gagne tant à toutes les comparaisons que j'ai faites en Grèce, en Egypte et surtout en Turquie ; que notre petit soldat est préférable à ces Anglais insolents d'attitude, toujours sanglés dans des uniformes de parade que l'on n'ose pas toucher parce que l'on craint qu'ils ne soient en sucre ; et les Turcs si bons soldats, mais si déguenillés, si pauvres, et surtout si mal commandés !

Je suis dans un café turco-arabe, je ne dois pas l'oublier, le lecteur a droit de savoir l'impression que j'en ai rapportée. Je lui ai dit avec franchise les idées sérieuses qui m'étaient passées par la cervelle pendant que je prenais une tasse microscopique de ce nectar appelé du café turc. Il y a temps pour tout, je vais maintenant faire connaître le cadre dans lequel j'étais jeté.

Quelque chose comme le Pré Catelan mélangé d'un peu d'Alcazar et de beaucoup de Jardin de Paris. Ne pas oublier que nous sommes à Damas ; des arbres magnifiques, une prairie assez paillassonnée malgré les ruisseaux nombreux qui circulent dans le Goutha. Le petit théâtre sur lequel le chant et les danses étaient exécutés ressemblait à une baraque de guignol ; nous étions assis autour. Il y avait des costumes aussi divers que les races, qui permettaient de reconnaître les Turcs des Maronites et les Bédouins des Cophtes. Les femmes Juives, pour la plupart, avec des lèvres trop rouges et des yeux trop noirs qu'avivent des regards remplis d'indolence ; des toilettes franques, comme elles les appellent, trop de rouge, de bleu, de vert mélangés avec une préoccupation d'où l'harmonie est exclue ; des formes que ne cachent pas assez les étoffes dont elles s'entourent.

Quel est leur âge? Voilà une question à laquelle je serais bien embarrassé de répondre. Quelques-unes ont l'air d'enfants,d'autres ont l'apparence de vieilles femmes. Tout cela fait un assemblage assez original, très vif à l'œil, et qui s'augmente des flirtations que les officiers turcs entreprennent avec les nymphes de ces bosquets..... d'Armide.

M. Barré de Lancy, attaché au Consulat, s'est mis très aimablement à ma disposition, et avec une bonne grâce dont je ne saurais trop le remercier, il m'a promené dans toutes les soucks. Il faudrait une bourse inépuisable lorsque l'on va à Damas comme lorsque l'on va à Constantinople; ces deux villes ont la renommée méritée d'avoir les bazars les plus remarquables. De mon expérience, il résulte que les bazars de Damas sont les plus riches, par la diversité des produits, et, je crois, les plus considérables par leur étendue. J'y ai passé à peu près tout mon temps, d'autant plus que, grâce à la présence de M. de Lancy, je pouvais me promener sans drogman et sans être exploité par tous les parasites qui sont à la recherche des étrangers. La rue des étoffes m'a spécialement intéressé, on y trouve par exemple beaucoup de produits Européens, spécialement faits par les Anglais pour l'exportation et dans lesquels la diversité des couleurs le dispute à leur assemblage.

Ces produits sont ceux que les dames de Damas

viennent admirer, toucher et marchander en très grand nombre. Les femmes, qui sont toujours les mêmes dans tous les pays et sous toutes les latitudes, vont au bazar en partie de plaisir. Rien n'est amusant comme de les voir aller de marchand en marchand, faisant défaire la plus grande partie des étoffes, marchandant tout, n'achetant rien la plupart du temps, soulevant même quelquefois le voile qui leur recouvre la figure — si elles sont jeunes et jolies — et usant de leur beauté pour attendrir le marchand. Ces femmes souples, à la démarche cadencée, couvertes d'un voile blanc, font un effet ravissant quand elles vont ainsi de boutique en boutique, causant avec animation dans cette langue turque qui, en passant par leur bouche, paraît douce et charmante. Bref, je dois l'avouer puisque je donne ici mes impressions, nous sommes restés là beaucoup plus pour les femmes dont le manège nous séduisait, que pour les soieries que je vais revoir à Brousse et que je retrouverai à Constantinople.

Le lieu où j'ai été vraiment intéressé par le travail merveilleux que font les ouvriers indigènes, c'est le marché au cuivre. Ils font des plateaux repoussés au marteau, et contenant des inscriptions, — ce sont les seuls qui ont de la valeur — ils sont très recherchés par les indigènes eux-mêmes, qui, par la grandeur du plateau qu'ils couvrent de sucreries et de café, donnent une haute idée de leur hospitalité. Très curieuse aussi la souck des selliers dans laquelle on rencontre ces harnachements dont les bédouins couvrent leurs chevaux, qui valent quelquefois une fortune et dans lesquels se mélangent, comme dans toute l'industrie orientale, les choses vulgaires et de mauvais goût aux choses d'une richesse qui nous étonne. Mais nulle part je n'ai pu trouver ces lames de Damas véritables, si célèbres anciennement ; j'ai vu beaucoup de poignards, de yatagans, mais jamais de ces armes si vantées autrefois, je ne suis peut-être pas resté assez longtemps.

Voici les tapis de la Perse et de la Turquie, les objets en filigranne d'argent, quelques-uns en cuivre repoussé, d'une grande valeur, que je trouve en grande quantité au grand Khan de Souleiman Pacha, un des plus grands magasins. Quelles merveilles que ces tapis persans, malheureusement ils sont, en général, mal disposés pour nos usages européens, ils ont presque toujours la forme d'un carré très long et très étroit -- une bande ; et ces tapis de soie admirables qui ont une richesse de coloris invraisemblable, des dessins bizarres et qui ne passent jamais. Je suis resté très longtemps, comme dans un musée.

La partie du grand bazar dans laquelle sont situés les Khans les plus en vue, contient aussi des légumes, des pâtisseries, même des écoles musulmanes ; elle a été reconstruite par Midhat-Pacha, dont nous trouvons des traces dans toute la Syrie ; il a employé un moyen très simple, mais très ottoman : un jour il fit mettre le feu aux baraques étroites, mesquines, peu aérées qui composaient ce bazar, et à la place il fit établir une rue couverte, large, où l'air circule bien, où il y a de grandes boutiques, et dans laquelle on peut venir faire ses achats en voiture. Ce n'est pas plus difficile que cela. Le peuple se fâche, se plaint quelquefois, mais la chose est faite, ce qui est à peu près tout pour le musulman. Il se dit qu'Allah l'a ordonné, que c'était écrit de tout temps, et s'il ne se résigne pas, il cesse du moins de se plaindre. Ces populations fatalistes sont une cause de force ou de faiblesse suivant les cas : ce sont des soldats excellents, pour qui la mort est une récompense, mais ce sont aussi des fanatiques terribles, pleins d'énergie et de courage. Aussitôt que l'idée religieuse est en jeu, ils tuent, massacrent sans pitié, nous en avons eu un exemple terrible en 1870, en Algérie.

Il y a de tout dans cette immense ville qui forme le bazar : des maisons très belles comme celle des frères Asad, c'est une des curiosités de Damas ; je l'ai visitée, je ne l'ai pas trouvée différente de celle de notre consul M. Savoye Complètement construite dans le style oriental, magnifiquement ornée, ayant une cour pavée de petites pierres qui ont l'air de venir de la Mecque ; au milieu un grand bassin, des fleurs : autour, des orangers, des citronniers. Trois ou quatre salons s'ouvrent sur cette cour, dans lesquels il y a des meubles étonnés de se trouver ensemble. Chez tous les indigènes riches on trouve des instruments de musique pour lesquels ils ont un amour désordonné, il y en a de toutes les formes, de tous les styles, ils jouent tous les airs depuis *la dame Blanche* jusqu'à *En revenant de la revue*.

Plusieurs mosquées sont ainsi réunies dans ce bazar. Je ne puis pas recommencer une description faite si souvent déjà; je me bornerai à signaler la mosquée Es Simaniye et à m'arrêter un peu plus longtemps à celle des Omniades où est, prétend-on, la tête de saint Jean-Baptiste. C'est une très curieuse chose que de voir les musulmans honorer notre Seigneur et quelques saints, qu'ils considèrent comme des prophètes fameux. Avant d'être allé en Syrie je ne me doutais pas de ces honneurs rendus par des musulmans aux apôtres; j'étais d'une ignorance dont je m'accuse. Quoi qu'il en soit, la tête de saint Jean-Baptiste est conservée et honorée dans la mosquée des Omniades — ainsi appelée en souvenir des Kalifes de ce nom — où l'on a construit un petit édicule tout chamarré d'or pour la recevoir, une sorte de reliquaire surmonté du croissant. Les caractères d'une église qui a précédé la mosquée se voient très bien, le transept est paré de marbre couvert de tapis magnifiques ; sur les murs il y a des traces de mosaïque qui a dû être très belle.

Autrefois il y avait à Damas des écoles musulmanes très prospères et très nombreuses; aujourd'hui la suprématie religieuse est entièrement passée au Caire.

Damas est la ville des beaux bains turcs, il faut les visiter dans le bazar, le lieu où sont accumulées toutes les curiosités; nous avons à Paris une reproduction à peu près exacte de ces établissements dans les Hammams, qui sont plus propres et plus luxueux. Ceux de Damas cependant méritent d'être vus, ils ont moins d'inconvénients que ceux des autres villes d'Orient; il y a toujours cette salle où tout le monde est couché en buvant du café et en fumant son narguileh, qui a un cachet oriental qui se retrouve dans tous les bains turcs.

Comme on peut facilement s'en rendre compte, ces bazars de Damas sont une ville dans la ville, l'occupation presque unique des voyageurs, et certainement la seule distraction de ceux que leurs affaires, ou le hasard de leur carrière ont conduit aux portes du Harouan. A l'ombre de ces larges rues couvertes, la vie se continue sans interruption pendant les heures chaudes de la journée; la foule y est toujours affairée, on y voit toujours les femmes frôler les burnous, les Turcs et les Levantins se disputer les chevaux que les bédouins viennent leur vendre; l'Effendi turc circule continuellement sur un cheval magnifiquement caparaçonné, faisant une police qui, pour n'être pas bruyante, n'en est pas moins efficace.

M. de Laney m'offre de faire une promenade

autour des murs et dans le quartier du Meïran. Le faubourg de ce nom est sur la route de la Mecque, et conduit à la gare nouvelle qui est l'amorce du chemin de fer en construction pour ce pèlerinage fameux. Il y a mille kilomètres à peu près de Damas à la Mecque, dont cent kilomètres sont en exploitation ; puis on s'est arrêté au Harouan : donnera-t-il un trafic assez considérable pour une entreprise privée ? Quant au gouvernement turc, il ne faut pas en parler.

Cette rue droite qui a environ trois kilomètres est habitée, comme je l'ai dit, par des gens de la campagne, chameliers, cultivateurs, bédouins kurdes. On y trouve de nombreux marchands de grains entassant, dans des sortes de granges ouvertes, les marchandises qui leur sont apportées par des caravanes de chameaux pesamment chargés, que l'on voit sans cesse arriver.

C'est un spectacle très curieux pour nous Européens, que ces chameaux en longues files conduits par un Arabe, monté sur un petit âne, qui va trottinant devant ceux qu'il guide. Ils s'avancent de leur pas majestueux et bête, se hâtant lentement ; ils viennent, se couchent pour se faire enlever leur charge ou pour laisser descendre leur cavalier. Après avoir donné un coup d'œil à cette partie la plus pauvre de la ville, mais qui nous a montré un coin de la vie arabe, nous rentrons pour aller voir les établissements catholiques.

Que le lecteur se rassure, je ne vais pas lui

imposer une course dans les établissements de Damas, je ne pourrais que lui répéter, avec moins d'intérêt pour lui, les mêmes choses que je lui ai dites à propos de ceux de Beyrouth. Les établissements religieux ne sont pas encore relevés de leurs ruines. Les Damascitains ont un caractère énergique et cruel et un fanatisme religieux poussé au paroxysme, ils l'ont bien prouvé en 1860; les religieux qui ont été sauvés du massacre se sont enfuis à Beyrouth. S'ils sont revenus à Damas ce n'a été que beaucoup plus tard, ils n'ont donc pas pu y fonder de grands établissements, il faut faire une exception pourtant pour les Lazaristes, qui ont une école excellente.

Ils forment, avec les sœurs de charité, un petit quartier chrétien dans lequel on enseigne et l'on soulage tous ceux qui se présentent. Le dispensaire est une des premières créations des sœurs, elles savent bien que c'est par là que l'on arrive le mieux au cœur des populations ; l'école vient aussi y aider beaucoup ; elles essayent de refaire l'établissement qui avait été fondé par la mère Gelas, elles y arriveront; elles commencent à avoir une école gratuite pour les petites filles, qui est très fréquentée — il faut du temps et de l'argent ! Les Pères Franciscains ont établi une école gratuite, les Jésuites ont aussi une maison, tous travaillent à répandre la langue française et à profiter de l'influence acquise à la France par le dévouement de ses soldats.

Quand on voyage dans les Echelles du Levant on est aux prises avec des difficultés constantes pour ne pas manquer le bateau, sans cela on resterait peut-être quinze jours à attendre. Je suis dans ce moment au milieu de ces difficultés, obligé de quitter Damas, sans cela je ne pourrais pas voir Baalbeck ; d'un autre côté, je suis très ennuyé de m'en aller si vite, j'aurais été très content de causer un peu avec M. Savoye, un consul de France qui est à Damas depuis de longues années, qui y a une maison ravissante, et, malgré son insistance, je suis obligé de partir avec le regret de ne pas être entré assez souvent chez lui.

Après avoir imposé à l'aimable M. de Laney l'obligation de me faire visiter Damas — ce qui a dû grandement l'ennuyer — j'ai pris le chemin de fer pour aller à Baalbeck ; j'ai regardé cette ligne de fer se tournant vers la Mecque — comme un véritable musulman. — Je me disais que dans quelques années la locomotive irait peut-être jusqu'à la ville Sainte, et que, plus heureuse que les Européens, elle y entrerait. Il me parait bien difficile en effet que les Turcs puissent défendre cette ville contre les regards des profanes quand il y aura un chemin de fer ; il est vrai qu'il y en a pour longtemps !

A El Mou Allaka, vulgairement appelée Malaka, j'ai pris une voiture pour me conduire à Baalbeck, c'est une course facile, bon marché, mais assez ennuyeuse. En quittant le train on a une jolie perspective de montagnes à Zahlé, renommée par ses vignobles et sa magnifique végétation. Après cela, pendant quatre heures, on n'a plus que la perspective des troupeaux paissant dans des déserts de verdure, pas un arbre qui vienne diversifier le tableau.

Arrivé à Baalbeck, j'ai tout de suite visité le peu qui reste de l'Acropole ; je vis sur mes souvenirs d'Athènes, mais malheureusement ce ne sont que des souvenirs que ne réveillent pas les temples que je visite. Je dois dire, pour être franc, que si je n'avais vu Athènes, j'aurais été sans doute moins désillusionné par les ruines de Baalbeck. Il est certain que pour les archéologues, il y a de très belles choses dans ces temples édifiés, sur d'anciennes ruines, il y a deux mille ans ; mais pour le touriste un peu ignorant, tel que je le suis, et cependant blasé par toutes les belles choses que j'ai vues, il n'y a rien de digne du voyage ; cependant lorsque l'on est à Malaka, sur la route de Damas, on peut s'y arrêter.

Du grand temple, il ne reste que peu de chose ; je ne fatiguerai pas le lecteur en lui faisant la description de ces ruines, qui ne peuvent être réédifiées que par un grand effort d'imagination ; je ne lui décrirai pas le nombre de salles écroulées et de colonnes renversées : ce qui avait pu résister aux injures du temps n'a pas survécu au fanatisme turc.

A côté du grand temple est le temple du

soleil, moins abîmé que celui d'où nous sortons, il a un portail de toute beauté : sur lequel se voit encore un symbole de la divinité, un aigle tenant dans ses serres un bâton relié, par de longues guirlandes, à des génies gravés sur la pierre. Le mur d'enceinte que l'on parcourt en sortant de l'Acropole est remarquable, par les monolihtes,les blocs gigantesques que l'on y voit ; ce sont,je crois, les plus grandes pierres de taille que l'on puisse admirer, beaucoup plus grandes que celles du mur *des Lamentations* à Jérusalem.

Il n'y a à Baalbeck aucun point de vue ; entourée d'arbres qui forment autour d'elle une ceinture de jardins très florissants et très fertiles, elle a l'apparence d'une ville enchâssée dans un écrin de verdure. On retourne par la même route à Malaka ; on a devant soi les sommets du Sanin, sur les flancs duquel se voient les ruines d'un fort très ancien et que je ne saurais passer sous silence, parce qu'il me rappelle des jours bien doux et bien tristes à la fois : Belfort ! Près de Damas, au pied des cèdres du Liban, ce nom si glorieux et si fier au milieu des souvenirs de nos malheurs de 1870, est venu me rappeler la France et tout ce que j'aime.

A Beyrouth, où je suis revenu prendre le bateau des Messageries nationales pour Smyrne, j'ai eu le regret de ne pas voir le Consul général et sa charmante femme. M. Pean, vice-consul, a du reste remplacé son chef avec une bonne grâce, dont j'ai senti tout le prix.

CHAPITRE XIII

SMYRNE

A bord de *L'Equateur*. — Samos. — Arrivée à Smyrne. — Visite à M. Gaudin. — Les quais de Smyrne. — Les Bazars. — Les Religieux. — Course à Ephèse. — Voyage en Anatolie. — De Smyrne à Ouchak. — Fabrication des tapis. — Ouchak à Afion Kara Hissar. — Eskishehir. — Ismid. — Arrivée à Aydar Pacha.

Il y a tant de monde pour Constantinople que le vapeur des Messageries qui part de Beyrouth, pour faire escale à Smyrne, est plein jusqu'au sabord; j'y trouve beaucoup de personnes de connaissance, notamment M. Aubert et sa femme qui sont venus rejoindre *L'Equateur*, de Jérusalem, par je ne sais quelle voie.

Le départ de Beyrouth est aussi joli que l'arrivée, je salue une dernière fois le Liban et les glaciers du Sanin ; couché dans un roking chair, je passe ma soirée à regarder l'horizon, à voir se coucher le soleil, ce qui, sur mer, est une de mes habitudes. J'allais entrer dans ma cabine lorsque je fus appelé au salon par la cloche du bord ; elle nous réunissait pour une représentation théâtrale offerte par des chanteurs italiens — de passage — c'est le cas de le dire. Ils nous ont chanté un air de *La Mascotte* et quelques morceaux détachés, pas mal vraiment : la mer était assez belle, les mouvements du bord ne les dérangeaient pas trop. A onze heures, heure indue sur un bateau, tout était fini.

Le lendemain s'est bien passé. Je trouve qu'il y a un certain charme à cette vie en mer ; rien ne repose mieux et ne permet de se rendre un compte plus exact de ce que l'on a vu. Cette vie qui peut devenir triste et monotone dans de longues traversées — je n'en ai jamais fait — est très agréable au moins dans les premiers jours. Et puis cela dépend tout à fait des individus avec lesquels on se trouve.

J'avais grand plaisir à causer avec M. Aubert, dans les rares moments où il est venu sur le pont ; nous venions l'un et l'autre de Jérusalem, où il était resté fort longtemps, et son opinion, toujours très instructive et fort documentée, était très intéressante à connaitre. Quand il était absent, je causais avec un jeune prêtre missionnaire dans le désert de l'Asie ; il me racontait qu'il était resté plusieurs mois, vivant avec les bédouins, sans dire un mot de français. Il me confiait les prosélytes qu'il faisait, les relations excellentes qu'il avait avec ces populations toujours nomades, et cependant sédentaires, en ce sens qu'elles revenaient périodiquement au même point.

A plusieurs journées de marche de chez lui,

vivait un vicaire apostolique qui ne visitait pas trop souvent sa modeste paroisse (?) Il le voyait cependant quelquefois, c'était un homme très jeune encore, émacié, vivant complètement seul dans sa case et passant sa vie à courir dans les déserts de l'Asie, pour visiter, après de longues marches, les quelques églises de son piètre diocèse. Quel exemple pour nous et quel encouragement pour ceux qui défendent les huit cent mille francs du budget des affaires étrangères. Il me semble que, quelque opinion que l'on ait, on ne peut qu'admirer ces modestes ouvriers, travaillant silencieusement au maintien de ce qui reste de notre influence.

Nous sommes à Samos, petite île grecque annexée par la Turquie; la capitale Vathi a un port minuscule dans lequel nous ne pouvons pas entrer, nous nous arrêtons, à quelque distance, dans une rade assez abritée par les montagnes de l'île.

Il y avait autrefois un prince de Samos, qu'est-il devenu? Telle est la question que je voudrais poser à l'agent consulaire de France, un homme quelconque, qui n'a de renseignement que sur le vin excellent de l'île, ce qui fait qu'à mon départ de Samos, je suis menacé de n'être pas beaucoup plus avancé. Il n'y a pas de garnison turque, ce sont des troupes indigènes qui font le service; beaucoup de territoires, parmi les îles Ioniennes, sont dans cette situation de demi-liberté. Chypre a été ravie aux Turcs, la Crète est sur le point de redevenir grecque, un jour viendra où tout l'archipel suivra son exemple.

J'aurais beaucoup voulu aller à Rhodes ; il n'y a de service que tous les mois ; alternativement, le bateau qui va à Smyrne fait escale à Samos et à Chypre.

J'aurais été heureux de voir le berceau des chevaliers de Malte, d'où sont parties tant de flottes armées pour combattre les ennemis de l'Église, et qui ne fut réduite que par Soliman-le-Magnifique qui s'en empara. Les chevaliers du St-Sépulcre, recueillis par Charles-Quint, s'établirent à Malte. Ils prirent alors avec ce nouveau baptême un regain de gloire et de puissance.

Chacun connait comme moi le colosse de Rhodes ; j'aurais été curieux d'en chercher les traces et de voir, par mes yeux, s'il portait réellement sur les deux môles pour faire une sorte d'arc-de-triomphe à l'entrée du port. Le hasard ne l'a pas voulu, il faut se résigner et voir Samos.

Descendu à terre, j'ai été me promener jusqu'au haut de l'île, ce n'est pas très loin. La population est toute différente de celle de la terre ferme ; pas de Turcs du tout, plus de femmes voilées, rien que des Grecs parlant uniquement un grec moderne qui me parait assez corrompu. Les Mahométans sont en horreur auprès d'eux, ils ne les connaissent que par les massacres qui ont ensanglanté l'archipel.

Du haut de Samos on voit la mer qui de toutes parts vous environne comme si l'on était encore sur le pont de *l'Equateur*. Cette vue a un caractère de grandeur indéniable. On se figure la flotte turque vaincue par Kanaris général des insurgés Grecs auquel répondit Mahmoud, le sultan de Constantinople, en envoyant son capitan-pacha à Chio où il noya dans des torrents de sang l'injure faite à son pavillon. Et le souvenir de ces batailles qui ont ensanglanté Samos fait mieux apprécier le calme de cette mer aux reflets changeants, suivant avec une étonnante conformité le déclin du soleil.

Revenu sur le quai, j'ai repris une barque pour regagner mon bateau, impressionné encore par les souvenirs de cette tuerie qui me rappelait les femmes assassinées, les enfants emmenés en esclavage, délivrés plus tard par notre ambassadeur. Je comprenais très bien pourquoi la France a un si grand renom dans l'archipel ; il est impossible d'y faire un pas sans trouver le souvenir d'un service rendu, sans voir sur cette mer, redevenue souriante, une trace des victimes sauvées ou vengées par nous.

Au moment où le soleil se levait avec des effluves diamantés, j'étais sur le pont afin de bien voir la rade de Smyrne, moins chantée que celle de Rio de Janeiro, moins admirée que celle de Naples, mais non moins curieuse, avec l'avantage d'être moins connue. Le navire passe près de Clazomène, le lieu où l'on fait les quarantaines, signalé par un petit vapeur turc embusqué dans les profondeurs de la baie, et se dirige vers Smyrne.

Cette ville qui, au point de vue commercial, est la seconde de la Turquie, a une importance considérable; elle est moitié barbare, moitié européenne. Baignée par les mers orientales, qui nous promettent une ville d'Asie, Smyrne, au premier aspect que l'on a de ses quais, peuplés de façades européennes, de tramways affairés courant le long du port, vous donne l'impression de Gènes ou de Marseille.

La vue que l'on a fait tout oublier ; cette grande ville que l'on voit, baignant dans une mer d'azur, est le moindre de vos soucis. Les regards se portent sur ses murs demantelés, sur son vieux château restauré (?) au milieu desquels le cimetière musulman, entouré de cyprès, fait l'effet d'une oasis. Plus rapproché de la mer, aussitôt après les murs, le fouillis terne des maisons ottomanes ; plus près encore, les consulats égayés par leur drapeau, des églises grecques, latines, des couvents assez nombreux font cette ville cosmopolite, française, turque, italienne, polyglotte que j'ai rêvée dans les longues heures de ma traversée. Et comme fond de tableau, la masse imposante du Sipylos qui semble, dans le lointain, se relier au mont Pagrius. L'ancienne acropole dont on voit les ruines et les murailles effondrées. parait se continuer par la ville moderne qui descend peu à peu jusqu'à la mer.

La descente du bateau n'a été pour tout le monde ni meilleure ni plus mauvaise que toutes les autres ; on est toujours environné de bateliers qui ont plutôt l'air d'enlever les voyageurs, que de leur demander leurs bagages. On passe, au moyen d'un badschich, avec une grande facilité sous l'œil vigilant des fonctionnaires turcs, promenant les éguillettes vertes de leur stambouline uniquement pour qu'on ne les oublie pas.

Aussitôt arrivé à l'hôtel, sous une pluie de bonjours dits dans toutes langues, je sors pour voir ceux à qui j'étais adressé par un ami dont le père a longtemps habité Smyrne, parmi lesquels il faut citer en première ligne — à tout seigneur tout honneur — le consul général M. Guillois.

Il est citoyen de Smyrne, où il est revenu, comme couronnement d'une carrière bien remplie, après y avoir débuté comme élève consul. On devine sans peine combien j'ai été heureux de profiter de tout ce qu'il m'a dit, et de son expérience de l'Asie-Mineure.

De là, je suis allé chez M. Gaudin, directeur du chemin de fer de Cassaba et ses prolongements. C'est un Français jeune et énergique qui fait son chemin en Asie et qui ira loin si les circonstances le favorisent. Jamais l'axiome : les amis de nos amis sont nos amis, n'a été aussi complètement mis en pratique ; j'ai été accueilli par lui comme la bonne fortune, il a voulu absolument me garder à déjeuner.

Tout de suite nous avons causé de mon voyage jusqu'à Constantinople, sans respect pour sa charmante femme et sa gentille belle-sœur. Il m'a dit, à mon grand étonnement, qu'il voulait me faire faire une course un peu plus longue, mais qui ne serait pas cette éternelle traversée des Dardanelles, grand chemin de tous les touristes. Il a pris une carte spécialement établie pour lui, qui donne le tracé du chemin de fer d'Anatolie, et m'a montré qu'il était facile d'aller jusqu'à Afion Kara Hissar. Après une petite course en voiture, je rejoindrai les chemins de fer allemands qui vont jusqu'à Aydar Pacha sur le Bosphore, en face de Constantinople.

J'aurai donc le double avantage de faire un voyage qui ne se fait pas généralement encore et d'arriver tout de même en traversant le Bosphore, si souvent décrit, à Constantinople par mer — ce qu'il comprend très bien ce que je tienne à faire. Il me dit, pour me faire bien apprécier le très curieux voyage qu'il me propose : « Nos chemins de fer ne marchent pas la nuit, vous comprenez que ça ne serait pas possible au milieu d'un pays très peu civilisé, infesté de bédouins, très peu peuplé si ce n'est par des chacals et quelques hyènes. »

Il faudra que je couche en chemin de fer, il n'y a pas d'hôtel, pas de khans, au moins pour la première nuit ; pour la suite, il me donnera un mot pour une maison où je pourrai trouver asile. Au geste que je fais il me dit, en riant, qu'il me donnera son wagon où il y a un lit : c'est bien tentant. Je lui demande s'il faudra l'avertir si je prends ce moyen de transport; il me répond très gracieusement qu'il faut réfléchir, que ce n'est pas un moyen de locomotion à la portée de tout le monde; d'autant plus qu'on ne trouve rien à manger. Mais que je serai très heureux d'en avoir fait l'essai, car il n'a encore été que très rarement employé. « Un mot la veille de votre départ sera suffisant », me dit-il.

Le déjeuner, comme on peut facilement le deviner, s'était passé dans toutes ces conversations, mêlées de démonstrations sur la carte, appuyées d'horaires très primitifs qu'il avait la complaisance de me donner. J'avais vu toutes les collections que M. Gaudin a faites pendant la construction du chemin de fer et dans toutes les fouilles qu'il a pu diriger à Magnésie, jusqu'à Afion Kara Hissar et à Burnabat. J'ai quitté ces dames que je n'ai pas revues malgré tous mes efforts, aussi je suis bien aise qu'elles trouvent ici un souvenir reconnaissant de leur très aimable hospitalité.

M. Gaudin à qui j'avais avoué que j'étais très mal à cet hôtel Hug, allemand je crois, que m'avait imposé Cook, m'offrit de me faire recevoir du cercle de Smyrne, et grâce à lui j'ai couché à l'hôtel, mais je n'y ai plus mangé. J'étais au paradis : au cercle je déjeunais et je dînais à l'heure qui me convenait, et j'étais bien mieux nourri. Parmi les services que m'a rendus M. Gaudin, et il m'en a rendu beaucoup, je place en bon rang mon admission pour quinze jours au New-Club et au Yachting Club de Smyrne, très bien installés, ayant des cuisiniers français ou des élèves qui font oublier leurs maîtres. A Smyrne et à Constantinople, j'ai été sauvé de la famine par ces cercles dans lesquels m'avaient fait admettre mes amis.

Puis je suis allé flaner sur le quai de Smyrne, c'est le lieu où tous les élégants viennent se promener, où les femmes viennent se faire admirer, car la beauté des femmes de Smyrne est connue dans le monde entier. A la fin de la journée l'Imbat se lève, c'est un vent fortifiant du sud-ouest ; avec lui tous les gens qui ont une occupation quelconque quittent leur bureau et viennent respirer, depuis le Gouverneur général jusqu'au plus modeste employé.

Les femmes en toilettes claires se mêlent à cette foule qui fera, jusqu'à l'heure très tardive où l'on se couche, l'effet d'un vivant cinématographe. Ces femmes Levantines ont une vivacité, un entrain, un amour du plaisir qui font un contraste frappant avec leur nonchalance et leur air fatigué. Quand elles vont — avec quelle furie ! — à quelque concert ou à quelque bal, elles s'amusent comme des enfants. Elles parlent et caquètent toutes à la fois d'un accent trainard et doux, dans un français qui a quelque analogie avec le provençal, où les *r* infligent à la conversation leur accent dominateur, mais où se retrouvent les inflexions chantantes qui donnent tant de poésie à nos femmes du midi.

Cette conversation, ou plutôt ces interjections, ces saluts, ces questions, donnent une idée exacte de leur charmante nullité. Elles ont tant de grâce dans l'attitude, tant de souplesse dans la taille, tant de lascivité dans le regard noyé dans la splendeur des cils, que l'on ne pense plus à rien qu'à écouter ce charmant gazouillis d'oiseaux.

Les tramways qui passent, les bateaux à vapeur qui sifflent, les navires que l'on décharge vous font l'effet d'un décor d'opéra, monté pour faire ressortir ces femmes pour lesquelles tout a l'air d'avoir été fait : la mer si changeante pareille à un tapis de fleurs, les montagnes verdoyantes, la rade immense et le feu du soleil d'Orient, si grandiose et si magnifique quand son disque disparait à l'horizon dans un nuage de pourpre et d'or.

Le plaisir que j'ai goûté dans ces promenades sur les quais de Smyrne m'a donné envie de voir les bazars ; je n'y ai pas fait une longue visite. Je n'y ai vu que " *taper* " des figues, on sait que Smyrne est le pays de ces fruits pareils au miel dont ils ont la douceur. Les vieux Smyrniotes ne vous disent pas qu'un événement quelconque est arrivé depuis bien longtemps, ils s'écrient : " J'ai tapé bien des figues depuis que telle chose s'est passée ".

Hors de ce mouvement machinal et qui est très élégamment fait par les Smyrniotes, je n'ai rien constaté de digne de remarque, si ce n'est qu'on se croirait à mille lieues de Constantinople, et que l'on ne voit même pas une femme voilée. Les boutiques sont toujours les mêmes, aussi petites et généralement aussi bien occupées, mais les marchands n'ont pas la bonhomie de ceux du Caire ou de Damas. On voit bien que l'on est dans une grande ville commerciale, par tout ce qui manque au point de vue artistique ; les marchandises sont plus riches, les affaires sont plus considérables ; on sent que dans ces boutiques on n'a pas le temps de songer à des objets de luxe.

Les caravanes de chameaux arrivent encore en longues files des hauts plateaux d'Anatolie et de Bagdad ; mais la civilisation s'avance avec les chemins de fer, et le temps est proche où les chameaux ne seront plus qu'un souvenir. Les Échelles du Levant en sont toutes là du reste, quelques-unes sont déjà gâtées au point de vue artistique, et il faut, comme je l'ai fait, renoncer à suivre le chemin frayé, pour voir le pays tel qu'il est. Smyrne subit la loi générale ; dans peu d'années elle aura beaucoup perdu de sa curiosité Quant aux tapis, il faut aller à Koniah ou à Ouchak pour les acheter ; ils sont aussi chers qu'à Constantinople, et encore bien souvent on ne peut pas en avoir à cause des razzias que font le Louvre, le Bon Marché et surtout la Place Clichy.

Il ne faut pas que j'oublie les religieux, le legs le plus précieux que nous ait fait la Monarchie, il constitue notre puissance en Orient : et comme le dit M. Deschamps : « Si nous renoncions à ce protectorat, notre influence en Orient serait ruinée du même coup » (1). Je ne veux pas renoncer à la petite pierre que j'apporterai peut-être à l'édifice construit par tous les hommes de bonne foi, à l'influence française en Orient, et il faut que je passe très rapidement en revue les établissements de Smyrne.

Leur attitude est toujours celle que nous avons vue, au Caire, à Jérusalem, à Beyrouth ; ils se conduisent toujours en Français et en bons Français, ils ne peuvent faire tout ce qu'ils voudraient mais ils font tout ce qu'ils peuvent. Ils acceptent tous ceux qui se présentent, quelle que soit leur religion ou leur nationalité.

Les filles de charité ont une école très fréquentée, elles desservent un hospice et elles font de plus le service d'un hôpital militaire que le gouvernement Français subventionne pour faire donner des soins à nos matelots. On n'en est plus à compter ceux qui ont été consolés et guéris par elles. Elèves de l'Ecole d'Athènes qui vont dans ce pays malsain, nouveaux pionniers, à la découverte de quelque monument ancien, ou matelots qui ont été blessés pour la France sur des bâtiments de guerre ou de commerce : tous ont gardé un pieux souvenir de la façon dont ils ont été accueillis par ces saintes femmes.

---

(1) *Sur les routes d'Asie*, Gaston Deschamps. Colin, libraire, 1901, Paris.

Les Pères Lazaristes ont un collège dans lequel 'enseignement se fait en français, bien entendu ; à a " propagande ", nouveau local qu'ils ont construit à Smyrne, il y a une école enfantine et une cole secondaire qui, toutes les deux, marchent l'un même pas dans la voie de l'influence française.

Ceux qui font le plus dans ce but dans tout le ays d'Orient, ce sont les frères des écoles chréiennes. Ils ont une façon de prendre les enfants ui est merveilleuse ; j'ai dit, à propos des écoles le Beyrouth, ce que je pensais de cette éducation. Eh bien, ils font les mêmes choses à Smyrne et vec un égal succès.

Parlerai-je encore des dames de Sion qui ont les écoles de filles semblables à celles que nous vons vues déjà, avec cet avantage en plus, qu'il a, à Smyrne, beaucoup plus de bourgeoisie, t que toutes ces Levantines que j'ai admirées ortent de leur établissement, trop exigu pour ecevoir toutes celles qui auraient le désir d'y tre élevées.

Toutes ces œuvres sont sous la haute autorité du consul général et sous la direction de l'Archevêque atin Monseigneur Timoni. Il y a de plus les écoles les frères d'Angora, celles des Assomptionnistes le Koniah, enfin tout un diocèse qui comprend presque trois villayets : celui de Smyrne, celui de Koniah et une partie de celui de Brousse. On comprend que je ne veuille pas tout citer.

Décidément, je fais le voyage que M. Gaudin m'a

indiqué, et qu'il a la bonne grâce de me faciliter. Je vais en avertir M. Salzani, un charmant vieillard, auquel j'étais recommandé ; il a été assez étonné. On ne prend presque jamais ce chemin pour aller à Constantinople ; il me fait toutes les objections que j'avais faites moi-même, enfin, il me dit qu'il viendra au chemin de fer me dire adieu. J'ai beau lui objecter l'heure très matinale, rien n'y fait ; il m'affirme que restant absolument sans dormir la plupart du temps, ce ne sera pas une fatigue pour lui.

Aussitôt après je vais donner ma réponse à M. Gaudin ; il me donne rendez-vous pour le lendemain, pour préparer tout ce qui me sera nécessaire, lettres, horaires, wagon, et heure turque. J'avoue que j'ai eu un mouvement d'étonnement qui l'a beaucoup fait rire. Cette heure varie tous les jours, un bon Turc doit régler sa montre à midi, au coucher du soleil, et comme ce coucher varie constamment on n'a jamais une heure exacte. Il faut donc que je me conduise comme un bon Turc, sous peine de manquer les trains de la ligne d'Anatolie que je vais rejoindre à Afion Kara Eskissar. Il m'a donné un petit système que je lui ai promis d'étudier, j'espère que je pourrai m'y habituer.

Au moment où nous arrivions à Smyrne, un lot d'Anglais qui étaient sur *l'Equateur* m'avait fait l'honneur de me demander si je voulais aller faire une excursion à Ephèse pendant l'escale du bateau, histoire de voir si le temple de Diane, brûlé par Erostrate, dont un Anglais avait retrouvé les traces, était toujours à la même place. Je les ai remerciés ; je déteste tout ce qui est fait en commun, tout ce qui est banalement arrangé. J'ai horreur des « Express train » avec lesquels on arrive et on repart avec la certitude que l'on ne voit rien du pays, ni de sa population.

Mais j'avais le désir de faire cette course avec une de mes connaissances de Smyrne. Nous avons pris le train d'Aydin à la compagnie anglaise ; car il y en a deux à Smyrne : celle qui va à Ephèse ou plutôt à Ayasoulouk et Seraikeui qui est anglaise, et celle que je prendrai pour m'en aller qui est française et qui va à Ouchak et à Afion Eskissar.

La locomotive, à peine fûmes-nous partis, soufflait comme il convient lorsque l'on monte des pentes très raides ; nous montions en effet pour traverser le seuil qui sépare le bassin du Meles de celui du Caystre. Après cela elle s'élança joyeusement dans la plaine parsemée d'abris pour les nombreux troupeaux qui y paissent, puis traversa jusqu'à Ephèse un terrain bas et marécageux.

Nous avions pris des chevaux pour parcourir ce qui fut autrefois une grande ville assez dissolue, et où les gens jeunes et vieux s'amusaient follement. Il n'en reste que peu de choses, et je regretterais d'être venu si je ne me souvenais que le temple brûlé par Erostrate était à côté et que je pourrais en revoir des traces. Pendant que j'y étais, j'allai visiter la grotte sacrée où était suspendue la flûte inventée par le dieu Pan.

Il y avait à Ephèse, tout comme à Olympie, jadis, des fêtes qui commençaient par un motif sacré, mais qui se terminaient, comme toutes les fêtes grecques, par une foire qui se passait dans beaucoup de *rues du Caire*. C'est au milieu de cette ville qui était une des plus puissantes de la Grèce, que saint Paul arriva venant de Damas. On comprend que le terrain était mal préparé, il y fit cependant bien des conversions, et y fonda plusieurs églises dont on voit les traces.

Nous avons eu une grande conférence, M. Gaudin et moi, pour fixer les grandes lignes de mon voyage. Je vais faire une charmante traversée de l'Anatolie ; je verrai tisser ces tapis de Smyrne aux chatoyantes couleurs ; je parcourrai ces plaines si célèbres par leur fertilité et dont la compagnie de Cassaba transporte les produits à Smyrne, d'où ils se répandent dans le monde entier. J'aurai les sensations du désert sans en courir les dangers, et la vue de l'arrivée à Constantinople, par le Bosphore que je traverserai en bateau à vapeur à partir d'Aydar-Pacha ; c'est un rêve, puisse-t-il se réaliser.

Smyrne est encore endormie ou du moins elle se réveille à peine, quand je jette un dernier regard sur cette rade, sur ces navires, sur toute cette nature qui entr'ouvre si joyeusement les yeux, sous les premières caresses d'un soleil déjà chaud.

Je quittai l'hôtel Hug — que je ne recommande à personne — pour traverser toute la ville, et arriver à la gare de Cassaba. J'aurais voulu que quelqu'un pût me voir disparaissant, dans la victoria du brave Ali, sous mes paquets accumulés auxquels j'avais joint un sérieux panier de provisions. M. Gaudin m'avait dit qu'il ne fallait pas songer à trouver quoi que ce soit à manger, avant Eski Chehir, dans trois ou quatre jours. Il ne m'avait pas laissé d'illusions ; il m'avait dit que je trouverais peut-être, avec le concours des chefs de gare, auprès desquels j'étais largement accrédité, des œufs et, pour déjeuner, un peu de lait de chèvre.

Je trouve à la gare M. Salzani, ce vieillard aimable, qui venait assister à mon départ, et qui, à ma grande stupéfaction, ne fut pas effrayé de mes sacrifices à mon appétit probable. Tous mes paquets furent bien arrimés par l'employé qui m'avait reçu à mon arrivée — j'avais exigé que M. Gaudin ne fût pas là. J'ai serré la main de cet excellent M. Salzani, et le chef de gare, après s'être assuré que je n'avais plus besoin de rien, donna le signal du départ.

Je ne songe pas à réfléchir encore, j'ai bien le temps plus tard, puisque le chemin de fer ne marche pas la nuit, et que nous serons arrêtés à partir de sept heures du soir. Je suis uniquement occupé à regarder les voyageurs de banlieue, car il y en a beaucoup au départ de Smyrne, ils vont à

Magnésie, à Megars, à Sardes. En quittant la gare je traverse les jardins qui entourent la ville ; j'y vois ces figuiers qui produisent les meilleurs fruits de l'Orient.

C'est une véritable solennité que l'entrée des premiers wagons qui arrivent à Smyrne, à l'époque de la maturité des figues ; on les charge sur des chameaux richement caparaçonnés, qui traversent toute la ville et une partie du bazar, pour gagner le marché spécial situé au bord de la mer. Là, des hommes et des femmes prennent ces figues, les « tapent » après s'être trempé les mains dans l'eau de mer, qui, paraît-il, les conserve, et leur donne un goût sucré ; puis les rangent dans des caisses pour être expédiées. Les cerises et les abricots ont un goût exquis, comme tous les fruits que donne ce pays fertile entre tous. Il produit toutes les récoltes, depuis l'orge jusqu'au coton. Ces arbres qui sont en fleurs dans ce moment donnent à la nature un air de fête ; elle a mis sa robe blanche pour accueillir le printemps, dont l'empreinte se voit sur tout ce qui nous environne. Des fleurs aux corolles magnifiques complètent ce tableau enchanteur qui se continue jusqu'à Magnésie.

La population est très dense, il y a jusqu'à cette dernière ville huit stations, que l'on ne met que deux heures à traverser.

Ici, nous sommes au seuil du royaume de Pergame, nous n'aurions que le Pactole à traverser pour voir les ruines qui ont été laissées à notre curiosité. Je ne suis pas allé à Pergame, je ne dirai pas que c'est le Pactole qui m'a fait peur ; malgré son nom, je ne crois pas qu'il puisse influer beaucoup sur la richesse de Bédouins ou de Français... La seule perspective de voir encore des ruines ne m'a pas tenté ; sans guide pour me les expliquer, j'avais peur d'être aussi peu avancé après y être allé qu'avant. Je me trompe, j'aurais eu en plus la fatigue, que n'aurait pas compensé un beau panorama ou la vue d'une belle ruine ; je suis donc resté à Magnésie. Le train a assez bien marché jusque-là ; à partir de ce moment il devient ultra-omnibus.

Il faut remarquer que le chemin de fer monte beaucoup ; le plateau d'Anatolie, le grenier des Romains, est à mille quatre cent cinquante mètres au-dessus du niveau de la mer. Pendant l'ascension qui a été très longue, on ne trouve plus trace de végétation ; la machine, qui a l'air de peiner beaucoup, traverse, assez lentement pour que nous puissions les admirer à l'aise, de magnifiques travaux d'art, des viaducs qui m'ont paru très beaux et dont l'un m'a rappelé le viaduc de Garrabit en France. Ces ponts immenses qui réunissent des vallées, des combes comme on dit dans le Midi, à des hauteurs formidables, font un effet horriblement grandiose et le train ne les quitte que pour s'engouffrer dans des tunnels souvent répétés, qui, s'ils ne sont pas très longs, sont très ennuyeux, — je parle à mon point de vue — ils me gênent pour déjeuner et, en me plongeant dans une profonde obscurité, me cachent les belles choses que je pourrais voir.

Je suis à Hachir ; j'ai laissé derrière moi Cassaba, qui,je ne sais pourquoi,donne son nom à ce chemin de fer ; Salihi, un gros bourg situé sur les pentes que nous venons de gravir : je suis en pleine Anatolie. Des champs d'orge se montrent à perte de vue, c'est le principal trafic de la voie que je suis ; elle sert à en expédier d'immenses quantités qui vont à Smyrne où elles sont aussitôt embarquées pour l'Amérique. L'orge est demandée pour la fabrication de la bière. Jusqu'au soir je ne vois presque que des champs d'orge, quelques champs de blé se montrent de loin en loin, égayés par quelques bouquets de chênes. J'arrive ainsi à Ouchak.

Le chef de gare vient tout de suite se mettre à ma disposition ; depuis qu'il n'y a plus d'anachorètes, ce sont les chefs de gare des chemins de fer de Syrie qui les remplacent. Vivre toujours seul, dans une petite maison (?), n'ayant pour toute société que des bédouins qui viennent de temps en temps, voilà leur vie. Il ne descend pas de voyageurs, où iraient-ils ? Le chef de gare d'Ouchak — un Français — m'a dit qu'il s'habituait très bien à la solitude ; de six heures du matin à sept heures du soir, qui sont les heures de départ et d'arrivée des trains, il n'a personne à qui parler. Il m'a donné un frisson en me racontant sa vie : il est gai cependant, et il se trouve bien quoiqu'il n'y ait pas de village autour de lui. Il est à plusieurs kilomètres d'Ouchak.

Je verrai demain quelques fabricants de tapis. Gaudin a eu la bonté de lui télégraphier tout ce que je devais faire, et au milieu de cette solitude absolue, je suis aussi bien servi et gardé que si j'étais un des grands personnages du chemin de fer. Par exemple, il s'excuse de ne pas pouvoir me demander de partager son repas ; il n'a à m'offrir que du pain et du café turc. Il insiste tellement que j'accepte une tasse de café pour finir mon dîner. Nous causons longtemps, dérangés à tout instant par des employés qui venaient lui parler, puis je me retire dans ma chambre à coucher.

Pour que le lecteur puisse bien comprendre les diverses impressions par lesquelles je suis passé pendant cette nuit du deux ou trois mai, il faut que je lui dise quelle était mon installation. J'étais dans un wagon, en pleine voie, à une certaine distance de ce que l'on appelait la gare, gardé seulement par deux bédouins ; mon domicile se composait de deux chambres à coucher séparées par un cabinet de toilette. Dans l'une d'elles je m'étais installé, j'avais fait de l'autre ma salle à manger, mon repas très frugal fut vite fait. Le chef de gare eut la charité de m'apporter le café turc promis ; je n'en avais jamais pris de meilleur, cela n'étonnera personne : c'était le premier aliment chaud de la journée qui figurât sur ma table.

Quand mon repas fut terminé j'ouvris la fenêtre ; il faisait très bon, pas un souffle d'air, le climat tempéré de la France avec une nuit d'Orient. Je voyais le soleil se coucher, comme en mer, au milieu d'une solitude absolue. La vue était étonnamment grandiose ; ces champs d'orge presque mûrs paraissaient une mer dont les flots calmes s'étendaient à perte de vue. Je suis resté longtemps à rêver et à fumer ainsi ; toute ma vie est repassée devant mes yeux, j'ai pensé à tout ce que j'aimais, à tous ceux dont je pouvais espérer que la pensée correspondait à la mienne. J'ai éprouvé une jouissance intense, tellement grande, tellement absolue, que je n'aurais pas voulu qu'elle prît fin ; nul n'a pu éprouver une satisfaction plus grande que la mienne, dans cette gare d'Ouchak, où j'étais seul, à trois mille lieues de la France, perdu au milieu des solitudes du plateau d'Anatolie.

Je fus réveillé en sursaut par des aboiements et des miaulements qui paraissaient se réunir près de mon wagon. Pendant un moment je ne pus savoir d'où pouvaient provenir ce tapage, ces cris que je croyais reconnaitre. J'essayai de me rendormir : ils persistèrent. J'avais entendu fréquemment en Algérie et en Tunisie hurler des chacals, c'était donc pour moi une ancienne connaissance, mais je n'avais jamais entendu cette sorte de miaulement ; je voulus savoir à quel animal ils pouvaient appartenir.

J'ouvris ma fenêtre; la nuit était splendide, presque claire comme le jour, de sorte que je pus très facilement distinguer d'où ils provenaient : des hyènes et des chacals étaient autour de mon logement. Je fermai ma fenêtre et me recouchai. je n'eus aucun mérite à le faire, ces sortes d'animaux vont autour des tentes ou des maisons pour essayer de voler quelque chose. Mais ils ont une terreur de l'homme qui est très connue et s'ils m'avaient vu, ils auraient aussitôt pris la fuite. J'ai regretté beaucoup de ne pas avoir un fusil, parce que cela m'aurait permis de rapporter une peau d'hyène en souvenir de mon voyage.

Il me revient à l'esprit une petite histoire qui m'a été contée en Algérie, et qui amusera peut-être le lecteur.

Un jeune ménage faisait un voyage en Algérie, l'un et l'autre très chasseurs; la jeune femme surtout avait le grand désir de tirer quelques fauves. Elle interrogea tout le monde pour savoir dans quelle contrée il fallait aller pour satisfaire sa passion. On lui dit qu'aux environs d'Inkerman elle pourrait sans doute trouver des chacals et des gazelles. Ce n'était pas assez pour elle; elle avait lu que là où il y a des chacals il y a presque toujours des hyènes, elle voulait tuer une hyène.

Arrivée au village de X., elle s'informa auprès des autorités qui lui répondirent qu'il n'y avait pas de hyènes ou du moins que l'on ne savait où les prendre. Mais ce que femme veut Dieu le veut, et rien n'est plus vrai. Cette dame finit par trouver un Cheick ou un Aga, je ne sais plus lequel, qui, la voyant si décidée, si disposée à donner ce qu'il faudrait, si désireuse d'essayer son adresse et son sang-froid sur des fauves, lui promit de lui en faire voir. On prit rendez-vous, et elle alla se mettre le soir à l'affût sur le passage des hyènes. Elle attendit longtemps, mais enfin elle entendit un bruit dans la brousse, et vit deux yeux briller dans la nuit. Elle s'assura que son fusil était bien chargé, que son mari était auprès d'elle, que tous les Arabes qui l'accompagnaient étaient à leur poste...puis elle fit feu. Aussitôt le signal donné, le tir à volonté fut à l'ordre du jour, et l'animal tomba foudroyé. Alors cette dame, suivie de tous ceux qui étaient avec elle, s'avança avec précaution, s'assurant qu'elle pouvait le faire sans danger, et alla ramasser le produit de sa chasse. C'était une hyène superbe, et elle était toute à la joie de sa capture, lorsque son mari vit avec horreur que l'on avait oublié d'enlever à la hyène sa muselière. Le Cheick, intéressé comme tout bon Arabe, avait sacrifié sa hyène privée, en vue de gagner quelques piastres.

Le lendemain, dès que l'aurore aux doigts de roses eut entr'ouvert les portes de l'Orient ou, en style plus simple, à quatre heures du matin, j'étais prêt; j'avais eu de l'excellent chef de gare une tasse de café turc qui m'avait tout à fait ragaillardi ;

une voiture était prête pour aller visiter les fabriques d'Ouchak.

Je croyais être monté dans tous les véhicules connus, j'ai eu la preuve que je me trompais ; jamais je n'avais vu ni rêvé une voiture comme celle-là, je renonce à la décrire. Etait-ce une calèche? Etait-ce un coupé ? Etait-ce une américaine ? C'était plutôt quelque chose d'innommé, qui avait eu, me dit-on, l'honneur de transporter à Ouchak les deux ou trois personnes qui y viennent chaque année pour faire des acquisitions de tapis. Je passe sur le bédouin qui m'a conduit au galop, sans route, et dans des fondrières que je connaissais pour les avoir traversées à la Mer Morte.

J'arrive enfin, vers cinq heures et demie, dans une bicoque, j'entre dans une écurie, je ne puis appeler cela autrement, le sol était à nu ; il y avait dans une petite chambre trois ou quatre femmes qui travaillaient à un tapis ; il y en avait quelques-uns de très beaux dans une espèce de magasin.

Je n'ose pas écrire les chiffres que je retrouve sur mes notes ; ces femmes mettent plusieurs centaines de points dans un centimètre carré ; le point est assez long à faire relativement, il faut qu'elles nouent la laine et qu'elles la coupent afin de donner à leur ouvrage ce cachet qui n'appartient qu'aux tapis de Smyrne.

Si l'on pouvait voir ces ciseaux et cette installation, on n'en reviendrait pas ! Il ne faut pas songer à acheter de tapis : tous sont commandés par les grands magasins de Paris, par les Barbucci du Caire, ou par les marchands de Constantinople.

Il est certain que ces tapis admirables et inusables vaudraient un prix fou, si les fabriques étaient installées autrement, et si la main d'œuvre était payée. Mais ces femmes, pour une journée de quatorze heures, ne gagnent que quinze sous environ, à peu près un quart de Medjidie. Il faut venir à Ouchak pour voir fabriquer ces tapis ; mais pour les acheter..... il faut aller Place Clichy.

Après être entré dans deux ou trois fabriques aussi luxueusement installées, j'ai regagné mon train, très intéressé par ce que j'avais vu, et remerciant Gaudin. Sans son insistance, je n'aurais pas vu cette fabrication très instructive au point de vue économique et très curieuse au point de vue de l'art.

Revenu à la gare un peu tard, je crois, j'ai trouvé le chef de gare qui m'attendait et qui a donné aussitôt le signal du départ. Je l'ai remercié en courant, de toutes ses amabilités pour moi, du guide qu'il m'avait donné, de la voiture qu'il m'avait procurée, de son bon café ; le train était parti que je lui parlais encore.

J'ai regardé un peu la vue. Les jours d'Orient sont maintenant comptés pour moi ; je trouve ces matinées si belles, éclairées par un magnifique soleil qui rend si lumineux et si clair l'espace incommensurable que l'on voit. Ce n'est qu'un plateau immense derrière lequel on aperçoit à peine les ramifications du Taurus et du Caucase.

Nous sommes à Afion-Kara-Issar le point terminus dans cette direction du chemin de fer de Smyrne à Cassaba. Le chef de gare m'attend et aura la bonté de m'accompagner pour faire les deux kilomètres qui séparent les deux compagnies.

Il y a bien longtemps, je trouve, que je n'ai dit du mal de la Turquie, de tout ce qu'elle fait, et surtout de ce qu'elle ne fait pas. On ne peut pas réunir le chemin de fer d'Anatolie qui est Turco-Allemand, à celui de Cassaba qui est Turco-Français ; la voie est faite, mais il est défendu d'y faire passer une locomotive. Il y a plusieurs mois que cela dure. Quand cela finira-t-il ? (1)

Kara-Issar est une ville de vingt mille habitants, très commerçante, très industrielle ; après avoir vu du pays ce qu'il était possible d'en voir en deux heures, je suis remonté en voiture avec le chef de gare qui avait ordre de me remettre sain et sauf dans les mains de l'administration allemande ; et il s'en est très bien acquitté. Nous avons eu quelques mésaventures causées par les chemins détestables que nous avions pour aller d'une gare à l'autre ; enfin nous sommes arrivés. On parle français sur ce chemin de fer, comme sur

(1) Je viens de lire, le 25 décembre 1901, que la jonction est faite.

celui que je quitte ; les employés sont charmants, du reste, avec la lettre d'introduction de Gaudin.

En quittant la gare d'Afion, je continue le plateau d'Anatolie jusqu'à Eskichcheir, où je dois coucher chez une dame Dadian ; cette dame, une Alsacienne, me donne une chambre, toujours sur la recommandation de Gaudin qui est ma véritable Providence pendant tout le voyage. Elle se prive pour moi de son domicile : j'accepte sans me faire prier, je suis si fatigué ! Il est dix heures du soir, je suis levé depuis quatre heures du matin. Eskichcheir me fait l'effet d'un grand village, je n'ai pas bien le temps de le voir, je n'ai sur mes notes aucune indication, je n'ai donc aucun souvenir de ce temps d'arrêt.

Les voyageurs sont un peu plus nombreux, quelques paysans Turcs, de petits négociants Grecs forment le personnel du train. Jusqu'à Ismid, le chemin de fer redescend les pentes que nous avons montées il y a trois jours : il a l'air de ne pas aller plus vite, il va avec une grande prudence bien justifiée par l'état de la voie. Ma préoccupation constante était la crainte qu'un déraillement se produisit entre ces stations distantes de plusieurs heures l'une de l'autre, je ne me rendais pas compte de ce que nous serions devenus.

Le terrain est nu et dépouillé ; on voit, de distance en distance, de grands troupeaux qui paissent sur les pentes, le long desquelles nous descendons, l'œil est attiré par des travaux d'art considérables entre Eskichehir et Cara-Keui, mais on admire surtout le long et grandiose défilé de rochers, comme une double muraille qui aurait cent mètres d'élévation, dans lequel on pénètre du côté de Vir-Han ; elle a l'air de défier le chemin de fer qu'elle surplombe jusqu'à Lifke. La végétation reparait, les plants de tabac, les récoltes, les arbres verts, quelques chênes surtout viennent nous faire accueil et nous annoncer le terme du voyage vers lequel nous marchons.

Nous arrivons à Ismid, à l'entrée de la plaine de la mer de Marmara, que nous ne quitterons plus jusqu'à Constantinople,c'est-à-dire dans six heures environ. On indique bien Ismid comme une excursion que l'on peut faire de Constantinople, mais Joanne dit dans son guide que le manque de confort est tel qu'il ne peut pas la recommander (1). Et moi qui suis tout réconforté d'être arrivé à ce point, à cent kilomètres d'Aydar ! que dirait-il pour la traversée complète de l'Anatolie ?

Ismid est une ville assez importante, sans grands souvenirs,elle a vingt-cinq mille âmes à peu près. Il n'y a de remarquable que le palais qu'Abdul-Azis a fait bâtir — qui tombe en ruines — bien entendu, le Sultan n'y va plus — et son port sur la mer de Marmara qui est sa seule source de richesse.

J'ai fait un véritable guide du chemin de fer de

(1) Joanne, *Guide à Constantinople.*

Smyrne à Cassaba, cela vient de ce qu'il était inconnu jusqu'à Afion ; j'espère ne pas avoir ennuyé le lecteur.

J'arrive enfin à Aydar-Pacha ; les voyageurs sont beaucoup trop nombreux, hélas ! Avant de m'embarquer, il faut que je montre mon Teskéré, j'approche de Constantinople, et la poltronnerie tracassière de Sa Hauteur se fait pesamment sentir. Enfin, j'aperçois un fonctionnaire que, dans tout autre pays, j'appellerais un très haut fonctionnaire, il est brodé sur toutes les coutures. Je vais à lui ma canne d'une main et un badschich de l'autre, il ne me comprend pas. Je le menace alors de me plaindre à l'ambassade de France, et, moitié par crainte, moitié par persuasion, je passe sans montrer mon Teskéré, mais ayant laissé mon badschich.

Je me croyais sauvé, pas du tout, j'ai encore à donner un badschich à un employé de la régie des tabacs qui avait la prétention de me faire tout déballer; il l'a repoussé avec indignation, j'ai dû être plus généreux. Des tabacs, je suis retombé dans les douanes, j'ai retrouvé là mon employé à aiguillettes vertes, habitué à recevoir des pourboires. J'avais fini : mes bagages à bord, j'ai tenu à ce qu'ils soient mis à côté de moi, et, assis sur ma malle, je suis parti pour Constantinople.

CHAPITRE XVI

CONSTANTINOPLE

Arrivée par le Bosphore. — La voirie à Constantinople. — Impression que m'a faite la ville. — Curieuses études de mœurs. — Encore la peste. — Ste-Sophie. — Les bazars. — Le château des sept tours. — L'Instruction supérieure. — Les écoles grecques. — Les Œuvres catholiques. — Déjeuner à bord du “ *Vautour* ”. — Promenade sur le Bosphore. — Aux Iles des Princes.

Aydar-Pacha est un port de mer assis sur la côte d'Asie, situé sur le Bosphore en face de Constantinople; j'en suis reparti à onze heures — heure turque — qui correspond à six heures du soir environ. En face de moi j'avais Stamboul et la pointe du vieux Seraï qui éveille dans notre esprit tant de souvenirs; la Corne d'or qui contient le grand port de commerce; la pointe de Pera et de Galata la ville Franque, continuée par les palais du Sultan. A ma droite, sur la côte d'Asie, Scutari la ville turque par excellence, toute la ville de Constantinople enfin, divisée par deux bras de mer.

Le petit vapeur qui m'emmenait appartient à la compagnie Maroussié, il était aussi peu confortable que possible, mais je ne prêtais aucune attention à ces petits inconvénients. J'étais tout yeux pour contempler ce panorama superbe, si souvent et si magnifiquement décrit. J'étais admirablement placé sur le pont du petit vapeur qui arrivait lentement vers le grand pont de bateaux où nous allions débarquer à la Corne d'or.

Le soleil était encore très haut, et de ses rayons étincelants il éclairait la coupole de Ste-Sophie, les centaines de minarets qui émaillent Stamboul tous dominés par la colonne brûlée; plus loin, au fond de la mer bleue, les plaines ravissantes des eaux douces d'Europe. Je voyais s'avancer sur moi les quais de Constantinople qui ont l'apparence d'une ceinture de pierre mise au flanc de la Corne d'or. La foule paraissait énorme, affairée, cosmopolite; tout ce monde passait sur le grand pont, allant vers la ville turque ou vers la ville franque. La tour de Galata me faisait l'effet d'un immense poteau jeté sur le fouillis de maisons qui constituent la ville Européenne, commerçante, formée par les deux faubourgs de Pera et de Galata. Eclairée par cette lumière d'Orient, si claire, si vive, si lumineuse, animée par cette foule aux costumes si divers, Constantinople, divisée en trois villes qui se complètent l'une l'autre, me faisait l'effet de la citadelle de l'Europe, réunissant toutes ces populations si étrangement bariolées, dans un grand bazar destiné à réunir les produits asiatiques et africains aux merveilles de la civilisation Européenne.

J'étais sous le charme, séduit par la vue de cette immensité, et je me disais que jamais je ne pourrais voir quelque chose de plus beau : que Stamboul aux sept collines ou Pera perdue sur le flanc d'une montagne, qui ont toujours l'air d'être surveillées par les menaçants minarets de Scutari. Dieu ! que je voudrais pouvoir rendre, en un style, digne de ce sujet, l'impression éprouvée par moi en traversant le Bosphore.

Quand je suis arrivé tout mon enthousiasme est tombé, et dans la voiture qui montait les pentes mal pavées de Galata pour aboutir à la grande rue de Pera, je commençais à me dire que Constantinople n'était qu'une très populeuse agglomération, sans monuments, sans larges percées, sans rien de ce qui constitue une grande ville moderne.

Le débarquement au pont de Kara-Keui m'a produit une impression étrange, j'ai cru arriver dans une ville de chiffonniers, de barbiers, de marchands de fruits. Je suis descendu presque au niveau de la mer, et je me suis trouvé au milieu d'une foule grouillante dans laquelle il était très difficile même de faire porter ses paquets. Enfin, après avoir monté bien des escaliers en planches pourries, j'ai été jeté en avant sur le pont de bateaux où j'ai eu la chance de trouver une voiture pour me conduire à l'hôtel. J'étais trop fatigué par ma course en Anatolie pour pouvoir sortir ce soir-là.

Ma première impression s'est aggravée le lendemain ; il faut toujours monter et descendre, et par quelles rues! Excepté la partie de la grande rue de Péra, large et bien alignée, qui va de la place du Taxime au carrefour de Galata-Seraï, il n'y a pas de rues dans ces faubourgs. Il n'y a que d'infects cloaques divisés, à chaque pas, par des creux dans lesquels des chiens dorment toute la journée.

Quand il pleut c'est plus horrible encore, on est obligé d'aller à l'aventure au milieu de petits lacs d'eau croupissante, bienheureux toutefois si l'on peut gagner le sommet d'un caillou qui s'effondre souvent sous votre poids. Mais il y a des voitures, me dira-t-on; j'en ai usé les premiers jours de mon arrivée, mais j'en ai été bientôt dégoûté : c'est un travail très fatigant que de se maintenir en équilibre dans ces chemins si affreux, l'on est moins fatigué quand on va à pied que quand on circule en voiture.

Il est bien entendu que je ne parle que des quartiers de Péra. Stamboul, de l'autre côté du pont, est mieux percée. C'est tout simple : la seule manière d'exproprier en Turquie est de brûler. Les incendies ont été un peu plus fréquents et plus étendus dans la ville musulmane de Stamboul, et l'on a profité de celui qui a éclaté en 1865 pour y percer deux ou trois rues plus larges et mieux pavées que celles qui existaient auparavant. De même à Péra, la grande rue est le produit d'un incendie qui a eu lieu en 1870 et a ravagé le tiers de la superficie de cette partie de la ville.

Bref, à Constantinople le service de la voirie n'existe pas; j'ai dit quelle était l'architecture des rues, je veux donner une idée de leur propreté. Il n'y a pas de service d'ordures et, comme le tout à l'égout n'existe pas encore, je laisse à deviner quel genre de détritus existe dans les rues. Les chiens sont les seuls balayeurs de cette immense agglomération; le soir on est obligé de prendre bien garde pour ne pas broncher sur l'un d'entre eux, tant ils sont nombreux dans les rues de Péra.

Je mérite une mention spéciale : je suis descendu en voiture dans le puits au fond duquel est plongée l'ambassade de France – jamais je n'ai vu de côte pareille. J'allais mettre mon nom chez M. Bapst pour qui j'avais une lettre, et qui m'a reçu avec la plus parfaite bonne grâce, en me disant qu'il me procurerait toutes les permissions dont je pourrais avoir besoin.

Le Directeur de la banque, dont j'avais connu la femme, a eu la bonté de m'accueillir comme une ancienne connaissance, il m'a procuré une occasion de voir le Bosphore d'une merveilleuse manière, et que je n'oublierai pas.

J'étais adressé aussi à M. le comte et Mme la comtesse de X., chez qui j'ai trouvé une réception qui m'aurait fait oublier Paris si j'avais pu profiter plus longtemps de leur aimable hospitalité; on causait d'une si intéressante façon dans leurs salons où étaient heureux de venir tous les hommes distingués de Constantinople.

Pour raconter tout ce que j'ai vu il faudrait oublier les descriptions qui ont été si souvent et si bien faites, j'aurais alors la chance que mes impressions pussent avoir quelque intérêt. J'ai la conscience du trop peu de valeur de ces pages pour ne pas les écourter.

Je ne redirai ni les cérémonies du Salamelick, ni la visite des trésors du Sultan. Je serais peut-être amené à dire que les trésors ne valent pas l'après-midi que l'on passe à les visiter, qu'il y a un désordre dont rien ne peut donner l'idée, et un mélange d'objets invraisemblables qui sont mêlés à des bijoux très luxueux, à des émeraudes splendides qui ne sont pas taillées, à des meubles et des pendules sans aucune valeur.

Pour le Salamelick je ne verrais que le Sultan entouré d'une masse de troupes : un petit vieillard dont la figure peint très exactement le mélange de cruauté et de frayeur qui forment je crois le fond de son caractère. Comme ces impressions peuvent être mauvaises, et que du reste je n'ai vu Sa Hautesse que très peu de temps, j'aime mieux me taire.

En visitant Constantinople on a cette impression que, si l'on avait le courage de tourner bride après avoir aperçu l'entrée de la Corne d'or, la vue de ce panorama étincelant, de ces minarets gigantesques, de ce port de commerce où les navires de toutes les nations trouvent place, on emporterait de la ville un impérissable souvenir. Eh bien, je crois que cette impression, que je partage, et qui a été celle des meilleurs parmi les écrivains, n'est pas tout à fait exacte. Il y a dans cette ville, si dénuée de monuments, si dépourvue d'intérêt, si mal tenue, si mal pavée, qui vous donne enfin des nausées morales, et ne vous laisse d'autre idée que celle d'en sortir, il y a, dis-je, à Constantinople, des études de mœurs très curieuses à faire si l'on peut résister à ce premier sentiment.

J'en ai fait de très intéressantes, par exemple, le jour où le bruit se répandit à Pera que le sultan avait fait saisir la poste.

Pour permettre au lecteur de suivre mon récit, il est nécessaire que je lui rappelle comment se passent les choses dans ce pays si dissemblable de la vieille Europe. Il y a des postes françaises, anglaises, autrichiennes, qui fonctionnent librement, sous l'autorité de l'ambassade. Chacun va à la poste de son pays, et reçoit ses lettres à l'aide d'une ou deux distributions qui se font chaque jour. Pour notre pays, par exemple, les employés et les facteurs sont Français ou protégés. Les lettres arrivent en sacs cachetés, soit par le chemin de fer, soit par les nombreux bateaux qui font le service des côtes de Syrie, de l'Egypte, de la Grèce, ou bien viennent directement de France par Marseille.

Le sultan eut l'idée de faire saisir ces sacs de dépêches, au seul endroit ou ce fût possible : à la gare. Il obéissait à une double pensée ou plutôt à un double sentiment d'indépendance et de peur.

Il voulait secouer la main-mise par l'Europe sur la Turquie, en lui imposant l'obligation de supporter des postes étrangères, complètement indépendantes de sa police.

Le sultan est las des capitulations dont il essaye à tout instant de secouer l'importun fardeau ; combien plus fatigué est-il encore de cette annexe aux capitulations, concédée à la France et à l'Angleterre à l'époque de la guerre de Crimée pour assurer les correspondances des soldats, ce que la poste Ottomane se sentait incapable de faire.

Le Padisha avait un autre but ; sa police secrète établie à Paris lui donnait avis que le parti jeune Turc conspirait contre lui. Rien ne pouvait le mettre en plus grande fureur que de savoir qu'il y avait des complots organisés contre lui, et de ne pas avoir le moyen de connaitre, en violant le secret des lettres — ce qui se fait couramment à Constantinople et même ailleurs — les dangers qui le menaçaient et les hommes dont il lui fallait se méfier.

Voilà pourquoi, un beau jour du mois de mai, le bruit courut à Péra que le Sultan avait fait saisir les sacs de dépèches appartenant aux postes étrangères. La nouvelle se répandit comme une trainée de poudre ; j'étais à Constantinople et je recevais tous les jours, par la poste française, mon journal et mes correspondances — rien n'arriva, bien entendu.

La seule chose qui ait un intérêt pour ceux

qui me lisent, c'est la physionomie de la foule ; elle pouvait se diviser en deux parties distinctes : l'une commentait l'événement comme une nouvelle pouvant porter atteinte au droit des étrangers ; c'étaient des Allemands, des Anglais, des Français ; on courait aux ambassades pour réclamer. L'autre, composée de Turcs et de tous les sujets du Sultan, imitait de Conrad le silence prudent, ceux-ci feignaient d'ignorer cet événement gros de conséquences et de tragiques éventualités pour eux.

Je ne raconterai pas les diverses péripéties par lesquelles cette question est passée, mais j'ai cru devoir indiquer la physionomie de Péra, et l'attitude de la foule au moment de cette tentative faite par Sa Hautesse.

Quelques jours après mon arrivée, j'étais au cercle d'Orient occupé très matériellement à déjeuner, lorsque le prince Z..., qui était à une table à côté de la mienne, m'annonça un cas de peste découvert à Péra. Il m'expliqua alors, en présence des doutes que j'émettais sur sa réalité, que les médecins avaient des ordres si absolus, et dont la sévérité était si grande, qu'ils ne pourraient faire autrement que de déclarer Constantinople contaminée. La conséquence toute naturelle était des quarantaines en Bulgarie, en Serbie, en Roumanie. Il me prévenait parce que l'Orient-express passait encore.

Je le remerciai beaucoup, et dès que le jeune

Raphaël, qui m'avait été donné par M. Auboyneau pour m'accompagner, fut arrivé, j'allai aux renseignements. Tout était vrai, hormis le cas de la peste, car le malade allait beaucoup mieux. Mon voyage était manqué, la Bulgarie avait interdit le port de Constantinople à ses bateaux ; je ne pouvais plus aller à Constanzia, ni revenir par Bucharest. L'Orient-express me restait : en brûlant Belgrade je pouvais arriver à Budapest. Tout cela parce que le Sultan a une telle peur de la peste qu'il a donné des ordres très sévères à ses médecins.

Il y a un moyen pour se fixer sur la topographie de Constantinople, c'est de monter à la tour de Galata avec un Joanne et un bon plan de la ville, de parcourir les douze fenêtres qui sont autour de sa plate-forme et de prendre ainsi connaissance des divers quartiers de la ville ; c'est ce que j'ai fait. J'ai vu aussi bien Scutari que Sainte-Sophie ; la colonne brûlée que les échelles des Caïks de Trop-Hane. Bref, on a un panorama très exact de ces trois villes dans lesquelles il y a beaucoup de choses à voir, mais je n'écrirai que les choses qui m'ont fait une réelle impression.

Puisque j'étais à Constantinople avec la pensée qui commençait à naitre en moi de n'y pas revenir, je voulais voir Sainte-Sophie ; je suis passé sur le pont de Kara-Keui qui vaut la peine que j'en dise un mot ; un pont de bateaux de cinq cents mètres de long sur la Corne d'Or, celui où je suis descendu lors de mon arrivée à Constantinople. Il forme, avec le vieux pont, le seul moyen de communication entre Stamboul et Péra. Le soir, afin d'être plus tranquille derrière les murailles de Yldis-Kiosk, le sultan fait couper ces ponts, et isole Stamboul la véritable ville mahométane. De sorte que si, pour une raison quelconque, on est retenu d'un côté ou de l'autre, il faut passer en caïk, sous l'œil de la police la plus tracassière du monde.

Heureusement je ne parle que par ouï-dire de ces ennuis ; je passe sans difficulté le pont de bateaux, je prends une rue assez large et assez bien entretenue — je suis à Constantinople et je ne suis pas difficile — j'arrive à Ste-Sophie.

Bâtie sous Justinien telle qu'elle est aujourd'hui, sauf les détériorations que, sous prétexte de consolidation, les Turcs lui ont fait subir à l'extérieur, cette église était une des plus magnifiques basiliques qui aient été construites et certainement la plus riche de toutes, lorsque l'Empereur la fit édifier. Il eut la prétention d'y mettre ce qu'il y avait de plus précieux dans ce qui composait le monde au VIe siècle. Les vestiges les plus rares, épaves des temps passés, d'Ephèse, de Baalbeck, d'Athènes, et jusqu'aux temples Egyptiens durent servir à la construction de cette église qui devait être plus belle que le temple de Salomon. L'or, les diamants et les pierres précieuses avaient concouru à l'érection du maître-autel et du trône du patriarche. De toutes ces richesses il ne reste rien que l'intérieur de la cathédrale, convertie en mosquée lors de la prise de Constantinople, en 1453.

Aujourd'hui, ainsi que je l'ai dit, on ne peut plus reconnaître le plan de l'édifice, mais quand on entre dans le désert que recouvre ce vaste dôme dénudé, on éprouve un saisissement de grandeur, bien supérieur à celui que l'on ressent à Saint-Pierre de Rome, où l'harmonie de toutes choses fait disparaître, pour celui qui arrive, l'immensité des proportions.

En pénétrant dans la mosquée on voit encore les merveilleuses mosaïques, dont les Turcs ont badigeonné la plus grande partie, sous prétexte de cacher les figures humaines qu'elles représentent. Ce qui reste, donne une faible idée de ce magnifique travail qui recouvrait les murs et la coupole de ce monument. Je suis bien naïf de tenter de décrire cette mosquée, qui a fait couler tant d'encre après avoir fait couler tant de sang; j'ai dit l'impression que j'avais ressentie, c'est tout.

De la mosquée de Sainte-Sophie (en Turc : Ara-Sophia), je suis allé aux bazars qui ont été détruits par un tremblement de terre récent; ils sont très beaux, mais ils ne me font pas l'effet de ceux de Damas. Je n'y ai pas retrouvé la foule si diverse, si affairée, si féminine, dont j'ai gardé le souvenir. Les boutiques sont aussi bien garnies, les marchands aussi aimables, mais ce n'est pas le bazar si gai, si vivant, que j'espérais retrouver. Par exemple, il y a des tapis magnifiques dans quelques boutiques ; dans certains magasins où l'on m'a conduit, il y a des soieries de Brousses qui sont inimitables. On y voit aussi des pierres de la Mecque qui sont très curieuses et ont la propriété d'imiter complètement plusieurs pierres précieuses. Je passe très longtemps à admirer toutes ces merveilles et j'en achète beaucoup : moins que je n'aurais voulu.

Bien peu de personnes ont l'idée que j'ai eue d'aller au Château des Sept Tours, quelque chose comme la Bastille sous l'ancien régime. Il avait pour moi un grand attrait comme souvenir historique, et comme point de vue ; il a été bâti par les empereurs d'Orient, et réédifié par les Sultans vainqueurs. J'étais désireux de me remémorer tous les forfaits dont il avait été le théâtre jusqu'au commencement du siècle ; le temps a mis sa main sur cette forteresse, je n'ai pu y retrouver que des souvenirs, mais quels souvenirs ! Trois tours sont renversées ; je suis monté dans la plus haute de celles qui ont résisté. De là, j'ai eu un magnifique panorama sur les vieilles murailles de Stamboul d'un côté, et sur la mer de Marmara de l'autre. A l'est j'ai une vue splendide, Stamboul s'étend à mes pieds, avec Galata comme perspective, et toute la splendeur de la Corne d'Or peuplée de navires ; au sud, j'aperçois au loin Scutari qui s'étage sur le Bosphore.

Je redescends pour trouver les traces de toutes les cruautés des sultans, dans les salles basses, où l'on décapitait les prisonniers, et les *puits de sang* où l'on jetait leurs têtes ; dans les tours où l'on emprisonnait les ambassadeurs des pays avec lesquels le maître était en guerre. Je vois que tous étaient égaux devant la férocité des descendants de Mahomet, et en revenant à Péra je fais bien des réflexions sur la patience de l'Europe, ou plutôt sur son impuissance. Je me dis que si l'hôte de Yldis-Kiosk avait encore sa force d'autrefois nous ne pèserions pas lourd à son bras. Les Musulmans sont toujours aussi sanguinaires et aussi cruels, et par une association d'idées bien naturelles, je pense aux massacres des Arméniens qui ont encore ensanglanté Constantinople il y a quelques jours à peine.

En parcourant mes notes, j'y trouve encore la trace bien marquée des œuvres catholiques françaises à Constantinople ; l'instruction a fait des progrès énormes dans cette capitale ; il y a cinquante ans, il n'y avait guère que les catholiques et les Grecs, concourant à donner au peuple une instruction très rudimentaire et très peu développée. Ils possédaient dans ces trois villes quelques écoles très peu dotées, et par suite très peu nombreuses, vues d'un très mauvais œil par les autorités.

La guerre de Crimée est arrivée, elle a eu au moins ce résultat, qu'elle a modifié par persuasion, ou plutôt par nécessité, le mauvais vouloir du Gouvernement Turc. Il fonda alors des écoles supérieures civiles avec un lycée impérial situé à Galata-Seraï, fondé et dirigé par un Français. C'est après en avoir vu l'urgence à Sébastopol, qu'une école militaire qui ne donne encore que de piètres résultats, si on la juge par les officiers placés à la tête des troupes, a été ouverte ; elle a pour complément une école de médecine militaire dont nous avons pu apprécier les effets à Beyrouth lorsque notre bateau y était en quarantaine. Une école de médecine civile qui compte six cents étudiants, et qui arrivera à faire des médecins habiles, car il y a des professeurs provenant des facultés de France et d'Allemagne ; une école des Beaux-Arts, complètent ce que je connais des hautes études Turques.

Elles ont un grand inconvénient qui provient des causes politiques inhérentes à la religion musulmane : c'est la défense qui est faite à tout chrétien d'entrer dans une école militaire. Ce sont de ces défenses qui ne sont plus de notre temps, et que la Turquie sera obligée de faire disparaître de ses programmes. Une grande minorité de sa population est chrétienne, elle a dans ses administrations, dans sa diplomatie, des Arméniens, des Maronites, j'en connais plusieurs qui ne sont pas inférieurs, bien s'en faut, à tous leurs collègues, soit dans les villayets soit dans les ambassades.

A côté de cet enseignement turc, dont j'ai essayé d'indiquer les bases et de montrer les côtés défectueux, il y a un enseignement chrétien très important, et que je ne dois pas négliger car je cherche toujours à montrer l'influence française et à bien prouver qu'elle existe. Il faut faire tous nos efforts, non seulement pour qu'elle ne périclite pas, mais pour résister à la poussée de l'influence contraire qui se produit dans ce moment, et pour vaincre à Constantinople, et surtout en Syrie, l'Italie et l'Allemagne.

Les Grecs sont très nombreux à Péra, dans le commerce, dans l'industrie, dans la banque; ils y vivent en sujets du Sultan, mais en sujets qui voudraient bien prendre la place du maître. Leur nombre très considérable a pour conséquence des écoles très multipliées qui ne sont pas de nature à nous créer des ennuis ou des embarras, car dans toutes ces écoles le français est enseigné, et forme la base de l'enseignement, comme du reste dans toutes les institutions grecques.

Nos missionnaires et nos religieuses ne sont pas restés inactifs. Les frères des écoles chrétiennes ont un pensionnat et quatre écoles gratuites qui donnent l'instruction primaire à un grand nombre d'enfants. Les sœurs de charité, continuant leur mission de dévouement, ont créé un hôpital très important, sur la place du Taxim, qui rend à la population pauvre les plus grands services, quelle que soit sa nationalité ou sa religion. Ces saintes filles recueillent aussi les enfants si nombreux, hélas! qui ne trouvent pas d'asile ailleurs; elles

les élèvent dans plusieurs écoles gratuites. En un mot elles font beaucoup de bien, non seulement au point de vue de l'éducation, mais au point de vue de l'influence française.

Les dames de Sion ont un pensionnat et un orphelinat. Les sœurs Franciscaines ont une école de filles. Les pères Lazaristes ont deux collèges, de même les Jésuites. De Péra à Kara Keui ils sont à l'œuvre ; les Assomptionnistes sont plus spécialement à Stamboul ; jusqu'aux capucins de Saint-Louis qui desservent la chapelle de l'ambassade, tous travaillent pour la France.

Ils sont aidés par deux écoles laïques de filles et par un collège de garçons, qui sont très dignes des maigres subventions que le gouvernement leur accorde, mais elles sont peu suivies. J'en ai dit la cause.

Comme on peut en juger ce n'est qu'une énumération ; je me suis promis de ne pas infliger au lecteur de nouvelles visites, et cependant comme il serait intéressant de voir l'influence que ces pensionnats, ces orphelinats, ces écoles gratuites, ces dispensaires tenus par des Français peuvent avoir sur les Mahométans et sur les protégés ! Ma prière aura peut-être un effet ; je demande à tous ceux qui me liront de se reporter à tout ce que j'ai dit, du Caire, de Jérusalem, de Beyrouth et de juger par ce que les religieux font ailleurs de ce qu'ils doivent faire à Constantinople.

Mon voyage touche à son terme, et je ne puis

plus dire la façon dont tous ceux qui m'ont reçu ont été attentionnés pour moi, ce serait des redites. Je demande la permission de faire une exception pour M. le Commandant Guepratte, qui fut si bon pour moi à Athènes. J'ai été le voir sur le *Vautour*, stationnaire de l'ambassade, où j'ai eu le grand plaisir de rencontrer tous les officiers de marine que je n'avais vus que quelques fois, et qui m'ont reçu comme un ami.

Le *Vautour* était mouillé par le travers de l'ambassade de France, j'y suis allé en caïq ; au milieu des bateaux si nombreux qui étaient à l'ancre, par une belle journée où le soleil avait eu la fantaisie de s'inviter comme pour nous faire fête. En face, Scutari, bâtie en éventail sur la croupe du Boulgourlou : les maisons, dont la distance ne permet pas de distinguer la saleté, descendent jusqu'à la mer et remontent le long du mamelon verdoyant sur lequel la ville est bâtie. Sur le plateau qui domine Scutari une forêt de tombes musulmanes atteste son caractère de nécropole de l'Islam et donne un cachet de sévérité plutôt que de tristesse à cette ville si bien placée, autant pour voir que pour être vue.

Nous avons à notre droite le château des Sept Tours, plus près de nous la pointe du Seraï avec le va et vient de caïqs et de bateaux à vapeur qui entrent dans la Corne d'Or aussi nombreux que les étoiles. Autour de nous les stationnaires de toutes les puissances de l'Europe, sentinelles vigilantes avec leurs canons qui ne servent jamais, nais qui menacent toujours. Derrière nous Péra, lominée par Yldis-Kiosk, lieu d'exil de ce Sultan out-puissant, prisonnier de la peur, qui ne sort le ces murailles qu'entouré de soldats pour aller, ous les vendredis, en Salamelick.

Ce déjeuner au milieu des officiers russes et utrichiens qui ont été aussi aimables que les officiers français ; la causerie sur le pont ; les oints de vue admirables que j'ai essayé de lécrire ; l'hospitalité si large et si amicale du commandant Guepratte, ont fait de cette réunion un de mes meilleurs moments.

Grâce à M. Auboyneau qui a eu l'obligeance de mettre la *Mouche* de la banque à ma disposition, 'ai fait une course ravissante sur le Bosphore. Embarqué au quai de Trop Hané, j'ai eu le plaisir de faire cette promenade, qui s'est prolongée jusqu'à l'entrée de la la Mer Noire, dans des conditions exceptionnelles. J'ai vu passer devant mes yeux tous les palais du Sultan ou de sa famille, lepuis les splendeurs théâtrales de Dolma-Bagtche bientôt assombries par la vue du palais de Tcheragan Seraï qui a l'apparence d'un immense tombeau de marbre blanc gardé jour et nuit par les sentinelles qui en défendent l'approche, aussi bien du côté de la mer que du côté de la terre.

Pourquoi cette surveillance puisqu'il est inhabité ? Mais est-il réellement abandonné? Telle est a question que tout le monde se pose à Constantinople sans pouvoir la résoudre. On ne connait pas le sort de Murad V, enfermé dans ce palais comme prison, le jour ou Abdul-Amid est monté sur le trône en 1876. Est-il encore dans ce palais? Est-il mort? Nul ne le sait, personne ne vous en parle. La déchéance de ce sultan supprimé du jour au lendemain, sur le sort duquel on n'a que des données très vagues que l'on cherche à ne pas éclaircir, est une preuve très curieuse de l'état d'esprit de la population Ottomane.

Les soldats qui gardent sévèrement ce mystère, gardent en même temps Yldis-Kiosk.

Le parc immense de la résidence du Sultan vient rejoindre le parc de Tcheragan, et tous les deux, le grand seigneur actuel et celui qui l'a précédé, seraient enfermés dans un même palais. Que de philosophiques réflexions cette réunion pourrait susciter!

La *Mouche* qui me conduit me fait passer tour à tour, comme dans une revue de sérails impériaux, auprès des palais occupés par les fils d'Abdul-Azis qui expient là l'honneur d'être nés sur les marches d'un trône. A Constantinople, comme du reste à Paris, depuis un siècle, c'est un mauvais vent qui souffle pour tous ceux qui étaient destinés à régner. Nous avons eu trois dynasties; que sont devenus les trois héritiers du plus beau royaume du monde!

La vapeur me presse. Voici Belbec, un des plus beaux golfes de ce pays, si gâté en fait de jolis points de vue. A peine ai-je eu le temps de le voir que je suis à Roumelie Hissar, ancien château, construit, je crois, par Mohamed II ; nous sommes arrivés à Thérapia, résidence d'été des ambassadeurs de France, en passant devant le palais de l'empire d'Autriche. Le joli village ! Comme l'on sent bien que l'on est en Europe, dans toute la splendeur de la végétation orientale. A quelques pas, voici l'ambassade d'Italie, l'ambassade d'Angleterre. Ils ne sont pas à plaindre, les diplomates qui sont obligés de passer l'été à Thérapia, leurs stationnaires sont auprès d'eux, mouillés à quelques encâblures de terre, leurs *Mouches* abordent, et ils ont pour se promener, les parcs ombrageux qui s'étagent en pente douce jusqu'à la colline qui domine de ce côté la Mer Noire. La France est la mieux partagée, car elle a le magnifique parc Ypsilanti qui continue au loin le palais donné par Selime III, pendant l'ambassade du Maréchal Sébastiani ; la maison en elle-même n'est rien, mais les dépendances en constituent tout l'agrément.

Voici la baie de Bouyouk-Dere sillonnée, comme toutes les rives du Bosphore, de villas ravissantes, encadrées dans de merveilleux jardins, parmi lesquels je remarque l'ambassade de Russie. Depuis Constantinople, sur la côte d'Europe, ce n'est presque qu'une suite de palais, de villas et de parcs. Ce coin du Bosphore a ainsi un cachet de banlieue d'une grande ville Européenne, avec cette mer si bleue mais si changeante, ce soleil qui déconcerte celui qui l'étudie. Le parfum oriental qui est partout ici, se fait sentir surtout pendant cette ravissante promenade entre ces palais silencieux et discrets comme ceux de Venise, mais autrement éclairés par les feux du soleil d'Orient. La ressemblance est partout, jusque dans ces caïques qui vont s'engouffrer dans des remises à côté des escaliers d'eau qui sont comme les portes cochères muettes de ces grandes demeures abandonnées pour la plupart.

Puisque je suis le maitre de mon temps, que mon aimable hôte à mis sa *Mouche* à ma disposition, j'entre un peu dans la Mer Noire, puis je la quitte bientôt pour longer les côtes d'Asie qui doivent me ramener vers la Corne d'Or en suivant l'autre rive du Bosphore.

Nous trouvons sur notre route des plaines nombreuses, qui vont jusqu'aux pieds du Mont Géant. Je suis monté en voiture sur cette éminence d'où l'on a un panorama splendide sur Thérapia, dont les terrasses du parc Ypsilanti plantées d'arbres centenaires, d'une hauteur prodigieuse, font un cadre ravissant à l'ambassade de France. On voit le Bosphore tout entier, mais on n'aperçoit de Constantinople que les sommets de la ville qui, par une coquetterie de la nature, se dissimule derrière un pli de terrain. On aperçoit les deux châteaux de Roumélie Hissar et d'Anatolie Hissar, cachant, dans une mer de verdure, les blessures que le temps leur a faites.

En remontant le Bosphore nous laissons à notre gauche les vallons du Pacha Bagtche, où sont situés les jardins impériaux de la Sultanié, pour arriver aux eaux douces d'Asie. On dirait le Pré Catelan. Avec une vaste pelouse veloutée, encadrée de platanes, de sycomores, sous lesquels les femmes du Harem, couchées sur des tapis de Perse, viennent se reposer et jouir de la température délicieuse qui est l'apanage de cette contrée favorisée entre toutes.

Enfin nous arrivons à Scutari au pied de laquelle a été bâti par Abdul-Azis un palais de marbre blanc, qui a eu des destinations bien diverses. L'impératrice Eugénie y logea lors de l'inauguration du canal de Suez, apothéose d'un règne bien brillant, mais qui, comme toute apothéose,annonçait la fin non seulement de l'empire, mais de la grandeur de la France. Ce palais a servi de nouveau en 1889 ; l'empereur d'Allemagne y logea lorsqu'il vint à Jérusalem et à Constantinople. Bâti sur un des contreforts du Bougourlou, le long du Bosphore dans les eaux duquel il se mire, ce palais luxueux et gracieux tout à la fois, est un des seuls monuments modernes de Constantinople ; il est entouré d'un parc parsemé de kiosques et de cages pour les animaux féroces réunis dans ces jardins par le sultan à l'époque où il l'habitait.

Les Iles des Princes, ainsi nommées à cause des nombreuses princesses qui ont été enfermées autrefois dans les couvents qui y étaient situés, sont à une heure de Constantinople ; j'ai voulu y aller aussi. Ce sont cinq petites iles placées sur la côte d'Asie après avoir dépassé Scutari et Aydar-Pacha. Il n'y a rien à voir dans ces iles charmantes, surtout par leur climat merveilleux, qui ont l'air d'avoir été mises là pour le plaisir des yeux. Deux villes viennent en gradins sur la mer, Alki et Prinkipo ; elles sont, surtout la dernière, occupées par des villas entourées de jardins au milieu desquels on a bâti un hôtel qui, avec le Summer Palace de Thérapia, jouit d'une grande vogue auprès de tous ceux qui veulent jouir d'un climat plus frais, et fuir l'air empesté de Constantinople.

Plus que jamais je dirai à tous ceux qui auraient l'envie d'aller visiter cette ville, qu'il vaut mieux en admirer la vue que d'y entrer. Si j'étais rappelé dans ce pays lointain, j'irais, je crois, à Thérapia ou à l'ile des princes passer quelque temps. Aux iles, comme au Summer Palace, on a l'admirable panorama que tous les poètes ont chanté, on a toute facilité de voir Scutari, Brousse, Constantinople, on est à quelques minutes de Sainte-Sophie !

CHAPITRE XV

RETOUR A PARIS

Buda-Pesth. — Vienne. — Munich. — Encore le Protectorat.

Toutes les splendeurs de l'Orient ont passé sous mes yeux; nous allons revenir à Paris par un chemin si connu de la plupart de ceux qui auront eu la patience de me lire que je n'en dirai rien. Il ne s'agit donc plus maintenant de raconter la fin de mon voyage, lequel n'a même plus cet intérêt puissant de faire connaître, ce qu'était l'influence de la France, représentée en Orient par sa diplomatie, quand elle en avait une! par les facultés, par les nombreuses écoles que nous avons visitées.

La presqu'île des Balkans, que nous traversons au début de notre voyage, n'a pour nous que l'intérêt qui s'attache à des peuples qui viennent d'échapper au joug des Turcs, et sur lesquels la France n'a jamais eu, au point de vue de l'influence, une action prépondérante. Elle n'a maintenant qu'un rôle de gardienne de l'équilibre Européen; elle surveille la lutte qui est toujours à l'état latent entre l'Autriche, la Russie et la Porte.

C'est donc sans préoccupation d'aucune so. que je m'embarque dans le chemin de fer, à pointe du sérail, au pied de Stamboul, dans une gare de village qui est le point terminus des lignes de l'Europe. Je contemple une dernière fois la Corne-d'Or encombrée de navires, Péra et Galata qui dissimulent leurs misères sous la splendeur du décor, Yldis-Kiosk où se cache le maître redouté, qui, au milieu de sa cour et environné de sentinelles, use son temps dans de continuelles terreurs; le Bosphore dont les flots bleus sont parsemés d'îles enchanteresses, qui forment comme une route de verdure de Stamboul à Scutari.

Je ne me charge pas d'expliquer pourquoi notre train n'est reçu ni à Sofia, ni à Nich, ni à Belgrade; pourquoi ne pouvant descendre nulle part, nous serons reçu sans difficulté à Buda-Pesth : nous y arrivons à onze heures du soir. Je ne puis rien dire de l'effet qu'elle me produit, à une heure aussi tardive; j'arrive, en passant par de grands boulevards, à l'hôtel Ungaria. Je ne décrirai pas cette ville charmante qui forme avec Bude un si frappant contraste, tous les guides ont dépeint ces deux villes, ou plutôt ces deux parties d'une même ville, séparées par le Danube majestueux, tranquille, et cependant terrible, semblable aux habitants des contrées dont il arrose les rives.

Je trouve que Pesth fait l'effet d'une capitale en disponibilité, que chacun s'ingénie à réparer, à moderniser, à agrandir pour le jour où les événe-

..ents la désigneront pour jouer un rôle. Tout est neuf, les palais des chambres, l'hôtel de ville, le palais de justice, l'hôtel des postes ; tout cela existait mais n'avait pas l'air assez *Capitale*. Cette ville est assez gaie, fraiche, aérée, coupée de jardins ravissants. Elle compte sept cent mille habitants ; elle jouit de tous les perfectionnements du siècle, depuis l'électricité jusqu'à un métropolitain.

Elle est égayée par des îles charmantes qui servent de distraction à cette population si accueillante, si jolie, si bien faite pour le plaisir. L'archiduc Joseph a dépensé plusieurs millions pour donner satisfaction à ce besoin inné, il a fait de l'île Marguerite un lieu enchanteur, où sont rassemblés tous les plaisirs et où les habitants se rendent en foule.

Il est entendu que je ne parlerai pas avec détail de Pesth ; je crois cependant devoir faire une exception pour le club de la noblesse auquel j'ai été conduit par l'un de ses membres qui m'a accueilli avec une sympathie dont je lui suis très reconnaissant.

Monsieur K., un très grand seigneur, est venu me chercher à la *Ungaria* et, après m'avoir fait parcourir les boulevards de Pesth, m'a conduit dans un ravissant hôtel situé au milieu d'un jardin, je devrais presque dire un parc. Le club, parmi beaucoup de particularités, en a une qui doit le faire remarquer : il est commun aux Magyars et à leurs femmes. Il y a en Angleterre des clubs de femmes ; il y a en France quelques associations qui se rapprochent de celles-là : le cercle de Puteaux, le cercle du Golf : nulle part il n'y a de cercles communs aux hommes et aux femmes. Je ne redirai pas la raison que m'en a donné en s'excusant mon aimable cicerone, je constate le fait sans chercher à l'expliquer.

Je ne puis rendre mon étonnement, quand sa voiture se fut arrêtée devant le perron et que je fus introduit dans le hall d'un château le plus confortablement luxueux qu'il m'ait été donné de voir ; pièce immense dans laquelle, à l'abri de palmiers, sont ménagés des coins pour la causerie, au milieu de jeux de toutes sortes. La main d'une femme, et d'une femme élégante, se remarque à tous les pas que l'on fait dans ce cercle, où la haute société de Pesth se retrouve chaque jour, à l'heure du thé l'hiver et l'été pour des parties de lawn-tennis, de croquet et de golf.

Il faut que je cesse d'aller du hall au jardin, des jeux d'hiver à ceux d'été, pour faire une visite complète. Du salon-hall, on entre à droite dans des salles à manger très confortables qui témoignent, par la quantité de tables préparées, que les dineurs doivent y être nombreux. Des dressoirs splendides, aussi remarquables par leurs proportions que par leur originalité, chargés d'une vieille argenterie, s'élèvent de tous côtés et donnent aux visiteurs la certitude que c'est un amateur et un chercheur qui s'est chargé du mobilier. Tout à l'heure nous en verrons bien d'autre.

La partie gauche est, non pas réservée aux hommes, mais aménagée pour eux. On y joue, on y cause politique, sciences, arts et même religion, car S. G. Mgr l'Archevêque de Pesth ne dédaigne pas d'y venir causer et intéresser ses auditeurs autant par le charme de sa parole que par la bonhomie de son langage.

Mais je m'oublie ; au rez-de-chaussée nous sommes dans une chartreuse construite dans le genre italien. On monte au premier étage par un ravissant escalier à double révolution qui conduit à une loggia qui en domine la cage. En passant, je fais une incursion dans les cabinets de toilette qui sont de véritables bijoux. Je m'en souhaiterais de pareils, bien entendu, mais je voudrais que les femmes élégantes que je connais aient pu les voir et les imiter. Tout le confortable moderne s'y allie à l'élégance la plus raffinée.

J'entre dans les salons qui sont meublés avec un luxe inouï, que l'argent ne peut pas donner, un luxe de haut goût dans lequel le confort a été servi par une compétence exceptionnelle d'antiquaire, de chercheur. Et comme j'admire tout les meubles anciens, japonais, chinois, anglais, français, on me raconte qu'un comte de X., possesseur d'une immense fortune — de ces fortunes comme il n'y en a plus en France — ayant la passion du bibelot, a mis à la disposition du comité sa compétence, son goût parfait, et l'a prié d'accepter tout ces meubles. Il a cherché dans tous les châteaux si nombreux et si magnifiques qui environnent Pesth, et est arrivé à composer le véritable musée que j'avais la bonne fortune de visiter. Les ravissants bals que l'on doit donner dans un pareil cadre! Comment Paris n'a-t-il pas quelque chose d'analogue!

Ma visite terminée nous redescendons ; le hall est presque plein. Tout le monde parle français. M. K. me présente à toutes les personnes qui étaient là ; je suis frappé par les noms des dames qu'il me nomme. C'est un véritable défilé de toute la noblesse Hongroise, je devrais presque dire cosmopolite, car ces noms je les connaissais tous. Je ne puis rendre la grâce et l'amabilité avec lesquelles on a insisté auprès de moi pour que j'aille le soir même à l'Opéra, chacun voulait m'avoir dans sa loge. Ce n'est pas à ma trop modeste personne, inconnue à presque tout le monde, c'est au Français, c'est à mon pays que la noblesse Hongroise voulait faire fête, c'est là surtout ce qui m'a profondément touché et m'a décidé à aller à l'Opéra.

C'est le dernier souvenir que je raconterai ; il m'a semblé qu'il y avait, pour tous les Français, intérêt à savoir comment on vit en Hongrie, et quel accueil y est réservé à tous leurs compatriotes qui ont la bonne fortune d'être présentés par un homme aussi aimable que M. K.

Je ne dirai rien de Vienne ni de Munich, c'est trop près de la France. Les splendeurs de Vienne ont été racontées trop souvent, et trop bien, pour que je me hasarde à en dire quelque chose ; tout le monde sait que c'est Paris que l'on retrouve sur les bords du Danube ; avec ses grands boulevards, ses rues si bien percées, ses monuments magnifiques, sa Hofburg si grandiose et si originale, ses théâtres splendides, sa société si accueillante.

De Munich je ne citerai que sa gare splendide — tout ce que nous avons à Paris ne peut en donner une idée —, ses monuments et surtout ses musées. Mon incompétence est trop grande pour que je me hasarde à faire une énumération de tant de richesses.

Je suis revenu modestement chez moi retrouver mes affections et mes souvenirs, conservant, de tout ce que j'avais vu, une si impérissable et si grande impression que je n'ai pas su résister à la tentation de la faire partager aux autres !

Avant de terminer ces impressions de voyage, dans lesquelles j'ai cherché à dire ce qui m'a tant frappé, au point de vue du protectorat Français, je veux, encore une fois, résumer ce que j'ai vu. Je crois qu'il y a en Orient, à l'heure actuelle, deux situations différentes : l'une en Egypte et à Suez sous la domination effective des Anglais ; l'autre dans les Echelles du Levant soumises à la Porte Ottomane.

A toutes les causes de faiblesse et de déchéance de toutes nos écoles en Orient, il faut joindre, en Egypte, l'intérêt de l'Angleterre. Nous y étions tout-puissants, le gouvernement secondait notre action, lorsque nous avons fait la faute impardonnable de permettre aux Anglais d'occuper le pays. Les écoles, purement Egyptiennes, étaient organisées de façon à ce que le français faisait partie des programmes; celles que nous y avions étaient nombreuses et prospères. Les écoles supérieures du gouvernement avaient des programmes dans lesquels nous avions une large place; il y avait au Caire une école de droit français dirigée avec un grand talent par M. Pélissier de Rausas. C'est dire qu'il n'y avait pas un seul enfant qui pût arriver à une position sans savoir le français. L'influence française était donc l'influence dominante, puisqu'il est acquis, aujourd'hui, que c'est par l'école, par la diffusion de la langue que s'établit l'influence d'un pays. Telle était notre situation.

Les Anglais débarquent sans notre concours, ils prennent la première place auprès du gouvernement, et politiquement ils réussissent à remplacer la France; ils veulent faire plus, ils veulent *défranciser* l'Egypte — ce néologisme rend seul ma pensée — pour cela il faut d'abord réformer l'enseignement, c'est à cela qu'ils travaillent.

On m'écrivait ce qui suit (1) peu de temps après mon retour.

« Qu'il me suffise aujourd'hui de vous dire, pour
« vous donner une idée de la situation, que nous
« cherchons à multiplier toutes nos écoles, nous

(1) Lettre d'un P. Jésuite, datée du 29 mars 1902.

« faisons tout notre possible pour maintenir la « France et ce qui reste encore de son influence. « C'est dans la haute Egypte, où je suis en ce mo- « ment, que l'influence anglaise est le mieux, ou, « pour parler plus exactement, la moins mal « acceptée.

« Sans aimer les Anglais, les gens veulent que « les enfants apprennent leur langue, pour pouvoir « arriver aux emplois.

« Il y a eu de ce côté un revirement complet « depuis mon premier séjour, il y a cinq ans, dans « ce pays. En dehors des méthodistes Américains, « chez qui, à côté du français, on apprenait l'an- « glais, dans les écoles du gouvernement et dans « les autres écoles libres on n'apprenait que « l'arabe et le français.

« Aujourd'hui (mars 1902), en dehors de nos « écoles on enseigne l'anglais, et nous-mêmes, pour « répondre aux exigences des parents, nous sommes, « sur plus d'un point, forcés de l'introduire à côté « du français »

Je donne cette lettre reçue il y a quelques mois pour prouver à tous que le gouvernement anglais — et c'est son droit — veut faire disparaître la langue française de l'Egypte en modifiant l'enseignement, parce qu'il sait très bien que ce n'est que par l'école qu'il pourra infuser des sentiments anglais en Egypte.

Combien de temps encore, si la France n'y veille pas, permettra-t-on aux distingués professeurs qui sont à la tête de l'école de droit au Caire de continuer leurs cours en français ?

A cela il n'y a que deux moyens de résister.

Un moyen diplomatique, que tout bon Français doit désirer voir employer. Mais hélas ! il n'y a pas grande chance que les républicains, du moins ceux qui sont au pouvoir, veuillent et sachent en user !

Si la voie diplomatique se ferme devant nous, il n'y a plus que le moyen de faire une plus large part dans les secours accordés pour l'entretien des écoles chrétiennes et françaises. Comme on me l'écrivait : « Ce serait une œuvre à la fois patriotique et chrétienne de soutenir les écoles existantes, et de donner le moyen d'en fonder de nouvelles ». Pour cela surtout il ne faudrait pas faire de lois d'associations pareilles à celles que le parlement vient de voter. Je veux admettre, quoique je craigne le contraire, qu'elle ne sera pas appliquée en Orient, mais j'ai dit quelle influence désastreuse elle aurait, bien certainement, au point de vue du recrutement des ordres religieux. Je sais bien que notre ministre au Caire fait tout ce qu'il peut pour résister; combien de temps cela durera-t-il ?

Il faut bien se rappeler les diverses conversations que j'ai eues avec les Levantins — conversations qui ont été sanctionnées, en quelque sorte, par un discours du ministre des affaires étrangères de France (1). Les ordres religieux peuvent seuls

(1) M. Delcassé, ministre des affaires étrangères : Discussion du budget, séance du 23 janvier 1902.

arriver à donner l'instruction à ces peuples pour lesquels la religion est le seul signe tangible auquel ils se reconnaissent, et à l'abri duquel ils poursuivent une sérieuse amélioration de leur sort. Par suite, il est incontestable que si l'on veut ôter au protectorat de la France son caractère religieux, c'est faire disparaître sa raison d'être, c'est l'annihiler, c'est le détruire. Tous les ministres, tous les gouvernements l'ont compris ; souvenez-vous des recommandations que faisait à ses agents le comité de salut public lui-même en 1793 !

L'Angleterre n'a aucun droit sur l'Égypte, elle n'a pas de droit de protectorat, elle n'est venue dans le pays que pour aider le Vice-Roi à combattre ses ennemis, et pour relever les finances. Il serait bon de le lui rappeler !

Tous les autres pays soumis à la Porte Ottomane sont dans une situation différente et bien meilleure que l'Egypte, nous pouvons lutter à armes égales, il ne faut que vouloir. Nos rivaux les plus redoutables sont les Allemands et les Italiens ; tous les deux font une guerre courtoise mais dans laquelle ils mettent toute l'énergie de leur caractère ; ils font plus de sacrifices que la France et ils ne peuvent arriver à nous supplanter ! Mais il y a là un péril d'autant plus grand qu'ils respectent le caractère religieux de l'enseignement et se gardent bien d'avoir la prétention de le laïciser. Les Allemands eux-mêmes nous combattent en Palestine et en Syrie avec les armes que nous cherchons à laisser tomber. Ils n'ont pas la prétention de pouvoir faire venir à eux ces populations Levantines, avec le protestantisme. Guillaume II lui-même, lorsqu'il est allé à Jérusalem, a fait des fondations religieuses, il a posé la première pierre d'une église catholique au Cénacle !

C'est la suite d'un plan ancien, dénoncé il y a plus de cinq années (1). L'Empereur a rêvé de nous ravir le protectorat catholique dans les Echelles du Levant, et pour cela il cherche à appuyer la force matérielle de l'empire allemand sur l'immense force morale de l'église catholique, avec ses dogmes, son chef partout obéi, sa hiérarchie, ses vaillantes milices de missionnaires. Pour combattre cet ennemi si dangereux et si persistant, nous avons la force que donne un établissement ancien, la sympathie des populations, des religieux tout dévoués ; mais il faut donner à nos écoles le moyen de résister par un appui moral et matériel.

Au lieu de cela que faisons-nous ? ou plutôt que fait notre gouvernement ? Il tracasse, il harcèle, il supprime les ordres religieux, et il fait en France cette loi des associations qui, même si elle n'est pas appliquée, aura dans les pays de protectorat une si douloureuse et si néfaste répercussion. Il ne se dit pas, en rendant le recrutement presque impossible en France, qu'arrivera-t-il le jour où

(1) *Revue des Deux-Mondes*, 1er septembre 1898.

il n'y aura plus de Français dans les ordres religieux ? Le temps sera prochain de la disparition de la langue, et par suite de l'influence française, c'est donc un péril et un péril immense que fait courir à la France la loi des associations.

Le gouvernement cherche à maintenir l'obole que nous donnons aux religieux, parce qu'il est averti du danger ; ses amis du parlement cherchent à la diminuer et à la faire disparaître, et cela quand il faudrait l'augmenter !

Il y avait 50.000 élèves dans les écoles primaires françaises il y a quelques années (1), il y en a 100.000 aujourd'hui ; le nombre des professeurs doit s'accroître en raison directe du nombre des élèves ; puis il faut bien admettre que des écoles nouvelles doivent être ouvertes, pour tout cela on ne donne rien de plus à ceux qui dirigent ces écoles ; est-ce juste, est-ce habile ? D'autres nations, les Italiens spécialement, « par des sacrifices croissants, et bien plus considérables que les nôtres (2) », cherchent à prendre notre place dans le Levant, où nous étions presque seuls autrefois; ils veulent nous ravir l'influence morale que nous y avons. Si l'on pouvait douter de la force immense que la France trouve dans ce protectorat, ces efforts seraient faits pour nous en donner une

---

(1) Chiffre officiel. Séance de la Chambre du 23 janvier 1902.

(2) Discours du Ministre des affaires étrangères. Séance du 23 janvier 1902.

exacte notion ; c'est à ces efforts eux-mêmes, qui sont faits pour nous dépouiller, qu'il faut mesurer le prix de notre influence.

L'Europe toute entière a reconnu son existence, et c'est pour cela que nous devons la maintenir fermement, que notre gouvernement doit exiger énergiquement l'exercice et la reconnaissance de ses droits. Il ne doit pas se contenter de faire des démonstrations comme celles de Mitylène, pour des intérêts matériels, il doit réclamer, toutes les fois qu'une puissance catholique essaye à propos, par exemple, de querelles dans les Lieux-Saints, de se soustraire à notre protectorat. Au moment même où j'écris des tentatives dans ce but sont faites par les Allemands et les Italiens ; il faut le revendiquer et le maintenir ; nous l'avons payé assez chèrement pour y tenir.

FIN

TABLE

GRANDE IMPRIMERIE DU CENTRE. — HERBIN, MONTLUÇON

www.ingramcontent.com/pod-product-compliance
Ingram Content Group UK Ltd.
Pitfield, Milton Keynes, MK11 3LW, UK
UKHW020559230726
13926UKWH00005B/2107

9 782013 278027